住房城乡建设部土建类学科专业"十三五"规划教材

A+U 高等学校建筑学与城乡规划专业教材

现代木构建筑设计基础

徐洪澎 吴健梅 主编

中国建筑工业出版社

图书在版编目（CIP）数据

现代木构建筑设计基础/徐洪澎，吴健梅主编. —
北京：中国建筑工业出版社，2019.12
住房城乡建设部土建类学科专业"十三五"规划教材
A+U高等学校建筑学与城乡规划专业教材
ISBN 978-7-112-21701-4

Ⅰ.① 现… Ⅱ.① 徐… ② 吴… Ⅲ.① 木结构-结构
设计-高等学校-教材 Ⅳ.① TU366.204

中国版本图书馆CIP数据核字（2019）第286175号

责任编辑：张　建　杨　虹
版式设计：锋尚设计
责任校对：张惠雯
本教材配有课件PPT，可发送邮件至1343251479@qq.com获取课件。

住房城乡建设部土建类学科专业"十三五"规划教材
A+U高等学校建筑学与城乡规划专业教材
现代木构建筑设计基础
徐洪澎　吴健梅　主编
*
中国建筑工业出版社出版、发行（北京海淀三里河路9号）
各地新华书店、建筑书店经销
北京锋尚制版有限公司制版
北京京华铭诚工贸有限公司印刷
*
开本：787毫米×1092毫米　1/16　印张：15　字数：244千字
2019年12月第一版　　2019年12月第一次印刷
定价：**58.00**元（赠课件）
ISBN 978-7-112-21701-4
（35257）
版权所有　翻印必究
如有印装质量问题，可寄本社图书出版中心退换
（邮政编码100037）

前 言

　　自古以来，木材就是人类生产、生活中不可或缺的自然物质；它天然的色彩、纹理、质感和光泽，能让人感受到与生俱来的温暖感和归属感。那些带有自然表情和人文情感的木构建筑也因此一直深受人们的喜爱，叫人不由自主地渴望去亲近、触摸。中国曾经是世界上木构建筑传统最悠久的国家，我们祖先建立起来的木构建筑体系历经数千年的检验；其精妙的结构逻辑、高超的造型艺术和建筑技术至今仍让世人深深地赞叹、折服。然而，由于木材资源的匮乏和相应限制政策的实施，造成了我国木构建筑的发展自20世纪70年代末以来，停滞了近三十年之久。与之相反，现代木构建筑在欧洲、北美、澳大利亚等地区和国家，经过近百年的发展和实践探索，克服了传统木构建筑的诸多弊端，凭借木材科学、先进技术及其在大空间和高层结构等方面所取得的成就，正引领着现代木构建筑的发展。与国际上现代木构建筑飞速发展、日益变化的情形相比，我国建筑领域在木构建筑的历史传承和现代革新、试验等方面都已被远远地甩在了后面。在当今全球范围内循环经济和绿色可持续发展理念的背景要求下，现代木构建筑作为工业进步与生态文明相结合的产物，理应为该领域带来更多的实践探索和成熟经验。

　　对于现代木构建筑在我国建筑业的推广，从理论研究、专业人才培养到设计实践，都还处于摸索的阶段；尽管近年来有了可喜的进步，但还远远不够。哈尔滨工业大学自2002年在土木工程专业恢复了木结构学科，于2009年编写了高等院校土木工程专业选修课教材《木结构设计原理》，并于2018年进行了修订再版。从材料、结构设计原理与方法到技术应用，为土木专业的学生和工程技术人员提供了重要的参考工具书，也为本书的编写奠定了坚实的基础。

　　建筑是技术与艺术的完美结合，现代木构建筑最能充分体现这一特点，它需要材料、结构、建筑学等多学科专业的融合。在目前建筑学专业的教学体系中，现代木构建筑的专题设计训练和教学讲授尚在起步阶段，相关专业知识亟待补足和更新。本书的编写力图为建筑学专业学生填补现代木构建筑设计领域的知识短板。与面向土木专业学生的教学用书相比，本书更侧重从建筑师所应当具有的设计视角和知识储备来组织编写。

笔者在高校从事建筑设计课的教学工作迄今已二十余年，我们的教学、科研和实践创作一直保持着常态的交叉联系。由于2009年参与一个实际木构工程的机缘，开始涉足现代木构建筑设计及相关研究领域。从2012年开始，主持面向哈尔滨工业大学建筑学专业四年级的"现代木构建筑设计"的设计指导和面向该专业三年级的"现代木构建筑设计基础"的讲授课程。带领本科生和研究生与芬兰阿尔托大学、英国巴斯大学、加拿大UBC大学等高校的木构设计研究团队多次开展联合教学活动；亲身体验和感受世界优秀现代木构建筑的魅力，吸收和借鉴世界先进的设计理念和经验。同时，我们结合国家自然科学基金和黑龙江省自然科学基金的课题研究，以及现代木构建筑设计的实践工程项目，获得了大量实验数据和实践经验。这些都是本书的写作基础。

作为教学用书，本书力求做到体系完整、脉络清晰、深入浅出。考虑到建筑学专业学生的特点，我们在斟酌谋篇布局，推敲文字表达的同时，佐以大量直观的图示性语言。我们加强了对于知识前沿性的重视，将最新的研究成果和案例收入书中。同时，我们还希望本书能对建筑学专业之外的其他专业读者具有参考价值，因此努力做到重点突出、图示直观、实用性强，以便读者能够轻松掌握现代木构建筑的基础知识和设计原理。

在本书即将付梓之际，我们要衷心感谢许许多多给予过我们帮助的领导、前辈、同事们！特别感谢张建编辑和杨虹编辑为本书出版付出的巨大心血！同时感谢上海交通大学刘杰教授、台湾科技大学蔡孟廷副教授、欧洲木业协会中国首席代表张绍明先生等同行们为本书提供的资料支持！

研究团队的全体成员都以极大的热忱参与了书稿的讨论、调研和编写，在此向参与本书编写工作的所有成员表示感谢！包括曾经参与前期资料收集的鲍月明、山泉、何晓晨、李孟璇、徐小惠、王何宇等同学。

本书从开始动笔到最后完稿历时近四年，虽经反复斟酌和推敲，但错漏之处仍在所难免，敬请广大读者不吝批评指正。

2019年11月

本书编写组及编写分工

主　审　祝恩淳（哈尔滨工业大学）

　　　　陈启仁（台湾高雄大学）

主　编　徐洪澎（哈尔滨工业大学）

　　　　吴健梅（哈尔滨工业大学）

副主编　郭　楠（东北林业大学）

　　　　牛　爽（哈尔滨工业大学）

　　　　陆诗亮（哈尔滨工业大学）

　　　　孙伟斌（哈尔滨理工大学）

编写者　第1章：吴健梅　　吴　莹　　玉　红

　　　　第2章：牛　爽　　谭令舸　　郭启申

　　　　第3章：郭　楠　　吴　莹　　刘哲瑞

　　　　第4章：徐洪澎　　李　静　　关嘉男

　　　　第5章：陆诗亮　　周亦慈　　赵丹玮

　　　　第6章：吴健梅　　段时雨　　李佳忆

　　　　第7章：孙伟斌　　李恺文

　　　　第8章：徐洪澎　　陈思妮　　于　璠

目 录

第 1 章
木构建筑概述

　　从建筑学的视角对木材和木构建筑建立一个整体的认识，是学习木构建筑设计的前提。本章主要涉及：木构建筑在多方面的显著优势、木构建筑被诟病的主要"问题"，以及木构建筑的发展概况。

人类发展离不开木材，"树叶蔽身，摘果为食，钻木取火，构木为巢"是森林孕育人类文明的真实写照。木材始终与人类的生产、生活息息相关。木材作为一种生物质能，是与人类发展历程相伴相生的可再生能源；可以用来制作各种生产工具、生活用品、工艺品，也可作为房屋建筑的主要构件。在人类发展的历史长河中，木材具有举足轻重的地位。

木构建筑不仅以一种传统建筑形式，造就了不朽的木构建筑文化遗产；而且随着科学技术的进步，木构建筑重新焕发活力，体现出新的建筑技术、艺术和文化价值。随着人类对生存环境的危机意识与日俱增，具有显著绿色优势的木构建筑，在当前呈现出快速发展的势头。在人类建筑的发展历程中，如果说，18世纪是砌体结构建筑，19世纪是混凝土结构建筑，20世纪是钢结构建筑，分别占据主导地位；那么，已有迹象表明21世纪将迎来木构建筑占据主导地位的建筑发展时代。

1.1　木构建筑的概念及优势

木构建筑在狭义概念上是指木结构建筑，即以木材作为建筑结构材料的建筑形式；[1]**在广义概念上是指木结构建筑和以木材作为主要围护材料或饰面材料的建筑的总称。**本书内容涵盖了广义木结构建筑概念的范畴，但是重点讲述的是狭义概念的木结构建筑。

木构建筑在材料特性、空间感受以及建造方式等方面皆具有独特性；相对于其他类型的建筑而言，木构建筑在环保性、舒适性、安全性等方面优势显著。同时，随着现代科学技术的进步，现代技术为木构建筑在防火、防腐、耐久、抗震等方面提供了更多、更好的解决方案。

1.1.1　环境友好

木材是一种可再生、可循环利用的绿色建材，通过植物的光合作用吸收阳光，转化成养分供给，同时其根部吸收土壤中的养分和水分，自然生长，可以持续性地循环开发和回收利用，最终作为燃料或被泥土吸收。相比于混凝土、钢材等建筑材料，从建筑的全生命周期来考虑，木材的开发和利用在减少对环境的破坏和节约能耗等方面均有显著优势。

【固碳能力强】

1997年由全世界84个国家签署通过并于2005年开始生效、实施的《京都议定书》，使全世界更加认识到了降低碳排放的迫切性。树木吸收空气中的CO_2，吸收水分，转化为有机物并释放氧气，使得碳被固化在木材之中。据相关研究，木材中碳元素的含量大约占据木材质量的一半。如果木材以被分解或燃烧的方式，将其中的碳元素再次释放到大气中，对于降低大气中的碳含量是不利的；而将木材用来建造建筑，则可有效地将木材中的"碳"以建筑的形式保存下来，从而实现固碳的目的。

【能源消耗少】

在建筑建造的全过程中，木材在节约能耗上也具有明显的优势。比如，建造一个20m×6m的框架结构，分别采用纯集成材柱梁、实木桁架、钢结构桁架以及钢筋混凝土（RC）柱梁4种构造；可以发现在建造同等大小的空间时，木材作为建筑材料耗能最少（图1-1）。

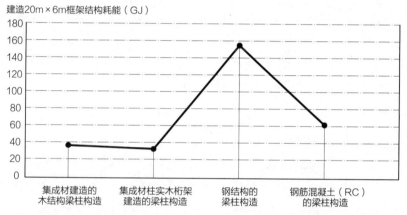

图1-1 四种建造材料全过程耗能对比[2]

在使用过程中，由于木材优越的热工性能，新型木结构住宅实测冬季采暖耗热量（25.38W/m²）比砖混复合保温结构的住宅（43.75W/m²）节省41.99%，耗煤量可节省45.40%（图1-2）。

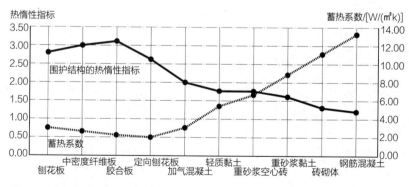

图1-2 不同材料热工性能对比[7]

【废物排放少】

在建造过程中，除了耗能少以外，排放少也是木构建筑生态环保的一个重要优势。据相关比较研究数据显示，木材作为建筑材料，相比于钢筋和混凝土而言，其在空气污染、水污染、固体废弃物排放、温室效应等方面均具有优势（图1-3）。

木材消耗的标准值=1.0

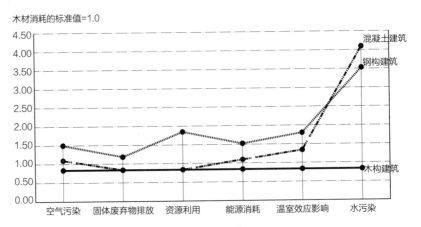

图1-3 三种建造材料建造过程中的排放量对照图[7]

【材料循环利用率高】

　　这是木材相比于其他建筑材料的显著优势。一方面，木材建筑构件在被拆除后被再利用的机会和可重复使用的次数更多。比如，完整的构件仍然可以被用于该建筑的异地组装，或在其他建筑中使用；不能完整再利用的构件可以被加工成更小尺度的构件，或作为工程木建材的原料，以实现其再生价值。另一方面，木材建筑构件在建筑被拆除后有巨大的非建筑再利用价值；比如可以被用来制造家具、纸张等，直至最后通过燃烧提供能源供给，或者分解形成土地的养分（图1-4）。

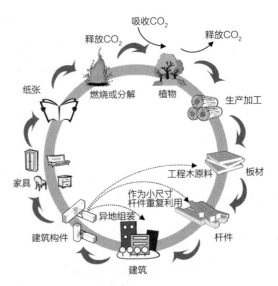

图1-4 木材的生态循环过程

1.1.2　健康舒适

自古就有木头房子"养人"的说法，这是人们的一种普遍感受；相关研究成果显示，相比于其他材料的建筑，居住在木构建筑中更加健康舒适。

【热湿舒适】

与其他建筑材料相比，木结构建筑冬暖夏凉、热舒适性更好。这主要是因为木材的导热系数小，用作围护材料，可缓解因外部温度变化而引起的室内温度变化。因而严寒地区的人们历来喜欢用木材建造房屋，以抵御极度寒冷的气候条件。

同时，木材也常被称作会呼吸的材料，它的吸湿和解湿功能是木结构建筑易于保持室内湿度相对稳定的主要原因，这将非常有利于人体健康与物品存放。研究发现，木结构建筑的年平均湿度变化范围与最佳居住环境的相对湿度指标十分接近。

【声光舒适】

由于木材自身的多孔结构使其具有特殊的声学性能，常被用于对音质要求较高的室内空间中，以提升空间的声品质。利用木材对声音反射和吸收的差异化特性，能够根据不同要求进行建筑空间的声学设计。

大多数木材的颜色为悦目的色调，纹理也流畅美观，富有一定的韵律感，反射出的光泽柔和自然，有着淡淡的丝绢质感，带给人们良好的视觉享受。

【心理舒适】

木材在空间中所展现出的特殊色调、光泽、肌理、温度和气味，促使人们对建筑空间产生综合的知觉体验，形成对心理感受的影响作用。有研究表明，木质景观和界面会对人们产生明显的恢复性作用；即人们在不断努力达成生活目标时被损耗的生理、心理和社会能力的重建。还有研究表明，木质建材释放的芬多精与负离子较钢筋混凝土房屋高出几十倍乃至几百倍，对人体恢复清醒、提高注意力、降低血压、安定人体自律神经等具有明显功效，从而使人心情舒畅。

1.1.3　结构可靠

在全球各重大地震灾害中，木结构建筑的抗震安全性能表现卓越。依据我国汶川大地震的灾后现场调研发现，大部分木结构建筑的主体框架没有倒塌，且倒塌部分对人的伤害也较小。有关日本神户和美国洛杉矶发生的大地震的记载亦显示，即使在强大的地震力作用下，木结构房屋被整体推行了数米，或地震力使其脱离了基础，却仍能保持结构骨架的完好。木构建筑结构可靠性较好的原因如下：

【强重比高】

与其他材料相比，木材的强重比（强度与密度的比值）较高，例如鱼鳞云杉木的强重比为351.8，而钢材是251.3，二者差距明显。因而木结构一般比其他类型的结构重量轻，抗震能力强。

【韧性大】

韧性是指材料在塑性变形和破裂过程中吸收能量的能力。韧性越好，发生脆性断裂的可能性越小。[3]木材的细胞壁结构是由许多同向的纤维素聚集而成；因此，相对于混凝土等建材，其材料韧性非常好。在强烈地震中，木材能吸收很大的能量，建筑即使发生变形，也难以断裂、倒塌。

【超静定结构】

超静定结构是指具有多余约束的几何不变体系，有多个多余约束的几何不变体系即为高次超静定结构体系。木构建筑具有显著的超静定结构特征；比如，由多个钉子钉制的结构覆面板，当地震发生时，每个钉子的连接作用被破坏时都会消耗震动能量，从而保证了覆面板不会即刻被破坏。这一结构特征极大地增强了木构建筑的结构可靠性。

1.1.4　建造方式优越

装配式建筑是指在工厂中完成建筑部品、部件的生产和加工，现场只进行组装便可以完成建造的方式。木构建筑是最适合装配建造的建筑类型，几乎所有的现代木构建筑都是通过装配式建造的。这一特征决定了木构建筑的众多优势：建筑工艺的精细化程度高，建筑质量更有保证；建筑现场作业大幅度减少，对环境造成的影响和伤害最小化；建筑的施工周期大大缩短等。

2017年加拿大英属哥伦比亚大学（UBC）校园建成的18层学生公寓楼，连同建筑设计、工厂生产、施工装配以及调试运行等各个环节在内，主体结构施工只用了3个月，现场工人只有9人。建设周期大幅缩短并提前投入使用，获得良好收益，充分体现了预制装配式木构建筑的建造优势。

1.1.5　视觉属性丰富

相比于其他建筑材料，木材更容易让人们产生情感的共鸣，这也是木构建筑深受人们喜爱的原因之一，而这都源于木材天然具备的丰富含义特征。

【自然属性】

木材作为建筑材料具有得天独厚的自然属性，质感温和、亲切，同时比混凝土、钢等建材具有更好的可塑性。因此利用各种形态的构件可以相对容易地塑造出自然流畅的曲线形体或富于张力的折线形体，为木建筑的多样化表达提供了可能。

【人文属性】

木材作为建筑的传统材料，在不同地域结合当地的文化传统，逐渐衍生出不同形式的木构建筑，充分体现了地域性特征。如北欧木建筑，无论在形式语言、界面肌理、空间结构，还是建造技术等方面，都表现出富有浪漫诗意的自然地域表情，并逐渐形成这一地区建筑艺术的典型特征。

【时代属性】

木构建筑伴随人类居住与生活的历史十分悠久，遍布全球各个地区。亦是人类文明发展的物质载体，各个历史时期的文化特征均体现在了木构建筑的类型、风格和建造技术上。随着当前建筑技术的飞速发展，木构建筑的现代性特征已越发彰显。

1.2　木材建筑的"问题"

在我国木构建筑的发展历程中，自清末以后，由于战争等多种原因，导致在相当长的时期，木构建筑的发展陷入停滞。在大多数人，甚至大多数建筑师的观念中，木构建筑存在很多"问题"，因此已经不再适合时代的需求了。那么，这些"问题"真的存在吗？木材仍然能够满足我国当代建筑发展的需要吗？

1.2.1　不防火？

木材是易燃材料，所以木结构房屋的防火性能差是许多人根深蒂固的观念，历史上也的确发生了一些令人扼腕叹息的著名木构建筑遗迹被焚毁的事件。然而，现阶段防火涂料等防火材料的快速发展、防火措施的健全以及防火救助能力的提高，木构建筑的防火性能得以大大提升。不但如此，随着人们对木材性能的深入了解，发现在火灾施救过程中，木结构比钢结构建筑要更加安全。因为钢材受热到一定程度，强度会骤减，导致结构整体坍塌；而木结构在同等条件下却会有更高的结构强度，从而延长了宝贵的逃生时间。研究表明，在相同的燃烧条件下，燃烧10min后温度达到摄氏550°，钢材强度损失达50%；燃烧30min后温度达到摄氏750°，钢材强度损失90%，而木材强度损失仅为25%；燃烧40min后，钢材丧失材料强度，而木材外表面已形成炭化层，具有阻燃作用，其剩余强度可达70%以上（图1-5）。

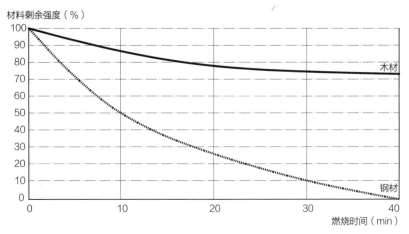

图1-5 相同燃烧条件下不同材料的强度衰减比较[2]

1.2.2 不耐久?

通常人们认为木材在耐久性方面表现不佳,易被微生物、虫害等腐蚀,直至造成木材的生物性破坏。然而,现存建于辽代的山西朔州应县木塔(1056年,见图6-1*a*)、挪威的胜斯塔万格木板教堂(1150年,见图4-35*e*)以及欧洲和北美等地大量仍在使用的19世纪木结构住宅,无一不表现出木结构建筑是经得起时间考验的。

世界上有许多木构建筑建在气候条件多雨、潮湿的地区,却并没有影响房屋的使用寿命。可见在木构建筑的设计和建造过程中,若能采取恰当的构造措施,例如排水和防潮设计、通风和排湿构造等,就能保证木结构建筑具有良好的耐久性。

1.2.3 会造成资源浪费?

木构建筑会耗费大量木材,从而导致对森林资源的破坏,这是很多人的固有观念。然而,木材是钢、木、水泥、塑料四大建材中唯一的可再生材料,合理利用木材是符合森林资源生长规律的,不但不会造成森林资源的破坏,反而会促进其发展。

在树木的生长周期中,成年后的树木树心会慢慢腐烂,而且高密度的森林容易促发火灾;一旦形成森林火灾,会对森林资源造成毁灭性的损失。因此,在森林管理中,成年树木需被及时砍伐;这样做既可保证整个林区的健康生长,又促进了木材利用。在我国,曾经有过因为森林资源消耗殆尽而中断木建筑的发展将近三十年的经历。但是森林资源的衰竭主要是由于1950年代初期缺乏科学指导,过度砍伐导致的;而非利用木材本身。按照现在的使用速度,世界铁矿石还能再开采128年,我国的石灰石资源大概还能再开采三十年；而科学利用木材资源，则可以实现木材的永续发展。

　　森林、树木依靠大自然赐予的阳光、空气、水得以生长，一般的生长周期为50~100年，速生树种周期可缩短至20~30年。通过科学的采伐和合理的种植，可以做到采伐量与生长量的平衡。[4]加拿大、挪威等地经过长期有效的森林管理，形成了采伐与培育相互促进的森林产业模式；不仅为市场提供了丰富的木材供给，而且森林覆盖率也在不断提升。

1.3　木构建筑的发展

1.3.1　起源

　　史前文明时期，人类为了摆脱"人民少而禽兽众，人民不胜禽兽虫蛇"（《韩非子·五蠹》）的处境，而有了"构木为巢，以避群害"。穴居和巢居成为人类远古时期住居的两种典型形制。此后，人类文明进一步发展，形成了聚落式的居住形态，建筑功能也相应拓展。木材和石材仍是最主要的建筑材料，考古研究表明这一时期已经有了较为成熟的木构建筑体系。在浙江余姚河姆渡村的遗址中，就已出现用石器加工而成的榫卯式木构件，在欧洲也发现早在原始社会时期就已形成了具有干阑式建筑特点的聚落形式（图1-6）。

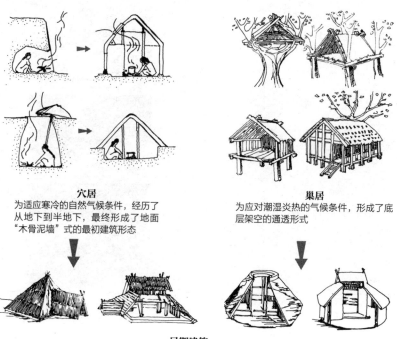

穴居
为适应寒冷的自然气候条件，经历了从地下到半地下，最终形成了地面"木骨泥墙"式的最初建筑形态

巢居
为应对潮湿炎热的气候条件，形成了底层架空的通透形式

早期建筑
木材作为建筑材料，逐渐形成了建造体系较为完整的建筑形式

图1-6 农耕文明木构建筑的发展起源

1.3.2　古代

在古代，东、西方的木构建筑具有不同的发展脉络，各自衍生出了特征鲜明的建筑体系，且都取得了非凡的建筑成就。东方的木构建筑形成了完善的设计与建造体系、成熟的建筑群体秩序组织关系、典型的建筑形式语言，以及高超的建筑工艺技术。而西方古代木构建筑则主要在民居和屋盖结构方面表现出独特的艺术性和技术造诣。

【中国】

中国古代建筑的发展史几乎就是一部木构建筑的发展史。在汉代木构建筑结构体系就已经形成。经过隋唐时期的定型发展，至宋辽时期达到成熟，多层、大跨和高层结构相继出现；建筑空间、材料技术和建筑艺术和谐统一；设计方法、施工技术都有卓越的创造和贡献。[5]至明清时期，木构建筑偏重于建筑形式的发展，在一定程度上走向僵化；但是历史遗留建筑和可考证据显示，这一时期的木构民居建筑得到了有效的发展。中国古代木构建筑发展概况见表1-1。

中国古代木构建筑发展概况   表1-1

朝代	建筑成就[5]	代表建筑及图示	
汉	抬梁式、穿斗式结构体系形成；多层木构架建筑普遍出现	阿房宫（高台建筑）	
隋、唐	解决了大面积、大体量的技术问题，并已出现用材制度；向定型化方向发展	山西五台山佛光寺大殿	
宋、辽	模数化建造体系已经形成，衍生出多种屋顶形式和建筑形式；多层楼阁式木构建筑发展迅速；编织拱桥——"虹桥"也是木材作为大跨结构发展的重要证明	"虹桥"清明上河图	

朝代	建筑成就[5]	代表建筑及图示	
宋、辽	山西蓟县独乐寺观音阁是现存楼阁式木构建筑的代表；应县木塔至2018年仍然是世界最高的木构建筑；《营造法式》的刊行、颁布，标志着中国的木构建筑进入了高度规范化的发展阶段	山西蓟县独乐寺观音阁	
		应县木塔	
明、清	建筑技术以及建筑群体布置更为成熟，《工部工程做法则例》的颁布统一了官式建筑的规模和用料，简化了构造方法；建筑的艺术性得到更多关注，用料减小，木构件的装饰作用增强，结构性减弱，建筑彩画与结构构件形成辉煌的建筑空间；木构民居建筑类型丰富	北京故宫	

【日本】

木构建筑同样也是日本建筑历史发展中的主流。因为是从中国传入的，中、日古代木构建筑在建筑形制与技术等方面都具有很大的相似性；但是经过长期的发展，日本木构建筑形成了"洗练简约、优雅洒脱"的风格特征（图1-7）。[6]世界现存最古老的木构建筑就是建于日本飞鸟时代的法隆寺，距今一千四百余年；其中的金堂还是世界现存体量最大的古代木

图1-7 日本传统木构建筑——法隆寺金堂和五重塔

构建筑。日本的古代民居也有多种木构建筑形式，在结构和空间布局上特色鲜明，也为后续日本住宅的发展奠定了基础。

【西方】

虽然西方的建筑史是一部石头的史书，但在人类建造建筑的伊始，木材便作为主要结构材料，按照自身的发展轨迹，同样形成了突出的特点和成就。

一方面，以民居为主要载体并在发展过程中进行了功能拓展，结合不同地域文化，在多个地区形成了特征鲜明、形式多样且技术巧妙的木结构建筑类型。其中最具代表性的是木筋墙结构建筑和井干结构建筑。木筋墙结构建筑可考的历史已有一千六百余年，主要分布在中欧、西欧和英国等地。它的柱、墙和斜撑等木构件均裸露在墙面外，木框架、花架以及窗等构件之间的组合构成漂亮的几何图案，彰显了强烈的地域特征，是一种建筑技术与艺术相结合，并达到极高造诣的建筑类型（详见第4.1.2节）。井干式建筑因为搭建方法简单，应该是一种历史更悠久的木结构建筑类型，主要分布于北欧、东欧和中欧等地。在这些地区，井干建筑不但广泛应用于民居，而且被拓展应用于教堂等公共建筑。在入口、檐口、门、窗等处，结合地方装饰符号的应用，表达出浓郁的地域建筑风格；是大众极为喜爱的建筑类型，至今仍有大量应用（详见第4.1.2节）。西方古代的木构民居建筑还有很多类型，如希腊的列柱庭院（peristyle）、奥地利和瑞士等地的独栋住宅等，都大量采用木结构来建造。

另一方面，古代西方在木屋架的发展上也取得了很高的技术和艺术成就，在房屋跨度、装饰艺术，以及空间氛围的塑造上都有很高的造诣（详见第5.1.2节）。

1.3.3 近现代

近代以来，混凝土和钢结构建造技术的出现给木构建筑的发展带来了强烈的冲击。无论是东方还是西方，木构建筑都出现了或长或短的低迷期，甚至停滞期。而随着西方在胶合木等材料技术上的突破，现代木构建筑才在国外重新获得革命性的发展。而我国直至20世纪末才开始逐步引入西方现代木构建筑技术，并在近些年开始步入现代木构建筑的快速发展阶段。在材料性能以及建造技术大幅提升的背景下，木构建筑逐渐向大空间和高层方向发展；而这一时期的木构住宅建筑，也结合地域性建造特点而衍生出独具个性的建筑形式。

【国外】

近现代国外木构建筑发展的推动力主要体现在两个方面：一是在木材资源丰富的地区，以材料供给和建筑传承为推动力；二是自18世纪末以来，以现代木材产品技术的发展为推动力。

在北美、北欧以及日本等地，基于丰富的森林资源和地域建造传统，以独立式住宅为主要类型的木构建筑，在近现代逐步形成完整、成熟的产业化建造体系。在北美，代表类型是轻型木框架体系：19世纪末到20世纪初，乔治·华盛顿·斯诺提出的轻型木框架结构在美国住房市场得到认可，逐渐发展成为从材料、设计、搭建，直至售后维修的完整建造体系；当前，这一体系在世界范围得到广泛应用（参见第4.2节）。在北欧，井干式木结构建筑是传统建筑的主要类型之一；近现代时期不但结合胶合木材料等技术得到良好的传承发展，而且以重型木料为基础，扩大发展了多种木结构建筑体系，形成功能类型多样、形态自然多变、风格简洁现代、技术合理精致的地域木构建筑特征（见图4-35）。在日本，基于传统工艺，发展了轴组工法木结构体系，同样形成了集材料、设计和建造于一体的完善的标准化建造体系；尤其是"SE构法"等构造技术的发明，显示了日本现代木构技术的水准与特色（参见第4.1.2节）。

20世纪初，胶合木的生产应用成为木构建筑发展的里程碑。胶合木技术有效地解决了木材的自身缺陷，使其结构强度、稳定性以及耐腐蚀等性能均得到大幅提高，极大地拓展了木材在建筑中的应用。使得木材作为结构材料，不但可以被大量应用于各类中小型建筑，而且其在大跨结构、高层建筑中的应用也取得了突破性的进展。

1966年，PostFinance体育场（图1-8）和Keystone Wye胶合木结构公路桥（图1-9）的落成，使胶合木正式成为大跨度建筑以及桥梁建造的结构

图1-8 PostFinance体育场（瑞士，1966年）　　　图1-9 Keystone Wye胶合木结构公路桥（美国，1966年）

图1-10 维也纳HOHO大厦
（奥地利，2018年，24层）

图1-11 Mjstrnet大厦（挪
威，2000年，85.4m）

图1-12 中国美院象山校区
水岸山居（2014年）

用材。近五十年来更是出现了大批现代大跨木结构建筑，其结构形式多种多样；从胶合木实腹梁结构，到桁架结构、拱结构、网架结构，再到壳结构，几乎涵盖了所有大跨结构形式（参见第5章）。比如当前跨度最大的日本大馆树海体育馆（见图5-31）、2000年德国汉诺威世博会日本馆、加拿大列治文奥林匹克椭圆速滑馆（见图5-24）等。

同样得益于材料学、结构工程学等学科技术的发展，近年来，英国、奥地利、加拿大、挪威、澳大利亚等国都相继建造了高层木建筑（参见第6章）；并且建筑高度不断增加，甚至启动了超高层木结构建筑的建造计划。其中，维也纳HOHO大厦（图1-10）以及挪威Mjstrnet大厦（图1-11），分别以层数最多和总高度最高而成为木材作为结构材料在当前的高层建筑中应用的经典案例。

【国内】

19世纪70年代，由于此前在国家建设中不科学、不理性的做法已将我国木材资源耗费殆尽，建筑主管部门专门发文限制在建筑中使用木材，要求以钢代木、以塑代木。木结构教育、科研与产业全面停滞将近三十年，直到20世纪末才逐渐恢复。2014年，住建部在《关于大力推广现代木结构建筑技术的指导意见》中明确提出，到2020年，我国现代木结构建筑在整个建筑业所占市场份额要接近或达到8%。2015年，工信部和住建部在《促进绿色建材生产和应用行动方案》中倡导推进城市木结构建筑的应用，在旅游度假区重点推广木结构建筑。2016年，国务院在《关于进一步加强城市规划建设管理工作的若干意见》中提出"大力推广装配式建筑，积极稳妥推广钢结构建筑，在具备条件的地方，倡导发展现代木结构建筑"。在此背景下，在引进、吸收国外现代木构建筑技术的基础上，我国现代木构建筑终于在新世纪迎来了快速发展的时期。自2000年以来，颁布了包括木结构设计、施工、验收以及材料在内的二十多项标准。全国专业木结构施工企业从不到20家，发展到目前，具有一定规模的施工企业已超过300家。从全国几乎为零的建设量，发展到目前每年新建木结构建筑350万~400万m²。

近十年来出现了很多标志性的公共建筑，比如中国美院象山校区水岸山居（图1-12）、南京河西万景园教堂（图1-13）、扬州园博园主展馆（图1-14）、海口市民游客中心（图1-15）等。此外，在大跨度木构桥梁和建筑方面也有突破性进展，如苏州欢乐胥虹桥（图1-16）全长120m，主跨度75.7m，是迄今为止，世界上跨度最大的重型木结构拱桥；米兰世界博览会中国馆（图1-17）等一批优秀的木构建筑，都是利用现代建筑设计手法表达传统建筑文化的大跨木构建筑案例。

图1-13　南京河西万景园教堂（2014年）

图1-14　扬州园博园主展馆（2019年）

图1-15　海口市民游客中心（2019年）

图1-16　苏州欢乐胥虹桥（2013年）

图1-17　米兰世界博览会中国馆（2015年）

思考题

1. 现代木构建筑有何优势和前景？

2. 结合我国具体情况，简述当前发展木构建筑的制约有哪些？

参考文献

[1] 李国豪. 中国土木建筑百科辞典：建筑 [M]. 北京：中国建筑工业出版社，1999.

[2] 陈启仁，张文韶. 认识现代木建筑 [M]. 天津：天津大学出版社，2005.

[3] 科普中国·科学百科. 韧性（物理学概念）[EB/OL]. (2019-03-17) [2020-02-01].
     https://baike.baidu.com/item/%E9%9F%A7%E6%80%A7/9737179?fr=aladdin.

[4] 潘景龙，祝恩淳. 木结构设计原理（第二版）[M]. 北京：中国建筑工业出版社，2019.

[5] 潘谷西. 中国建筑史（第四版）[M]. 北京：中国建筑工业出版社，2009.

[6] 陈志华. 外国建筑史（第四版）[M]. 北京：中国建筑工业出版社，2010.

[7] 刘一星，于海鹏，赵荣军. 木质环境学 [M]. 北京：科学出版社，2007.

图、表来源

图1-2：https://www.naturallywood.com/.

图1-3：http://www.naturallywood.com/.

图1-6：https://baike.baidu.com/item/%E5%B7%A2%E5%B1%85/4852163?fr=aladdin

图1-7：李辉拍摄

图1-9：https://www.blackhillsknowledgenetwork.org.

图1-10：https-___media.voog.com_0000_0009_4426_photos_HoHo_vienna.

图1-11：http://www.sohu.com/a/216712448_105446.

图1-12：http://om.cn/design/da?news_id=3638.

图1-13：https://m.zcool.com.cn/work/ZNTAzMzk1Mg==.html.

图1-14：https://m.zcool.com.cn/work/ZMzE2MDMyMDQ=.html.

图1-15：http://ngdsb.hinews.cn/html/2019-05/31/content_2_7.htm.

图1-16：http://dz.cppfoto.com/activity/showG.aspx?works=2864590.

表1-1第一张：http://blog.sina.com.cn/s/blog_786362c60102wi1a.html.

表1-1第二张：https://collection.sina.cn/yejie/2017-12-05/detail-ifypikwt8692906.
d.html?vt=4&wm=4007id.

表1-1第三张：http://mini.eastday.com/a/180828205422063.html.

表1-1第四张：黄纳拍摄

表1-1第六张：王冰冰拍摄

注：未注明具体来源的图表均为作者自摄。

第 2 章

建筑用木材

　　作为生物质材料，木材的特性极为复杂；要做好木构建筑设计就必须对其有全面的认知。本章知识点主要包括：木材特征与基本性能，木材的改性处理方式及其主要应用范围，结构用、饰面用建筑木材的基本要求与主要类型。

2.1 木材的基本特性

　　木材作为建筑材料具备多项优异的性能，其卓越的视觉、触觉、声学和热工性能，满足了现代建筑对于低碳技术和健康属性的追求。此外，与钢材、混凝土相比，木材还具有质量轻、纤维方向强度大、易于加工等特点。

2.1.1 木材的基本构造

　　木材具有区别于其他人工材料的独特的宏观和微观构造，这些构造特征直接或间接影响着建筑用木材的性能与应用。宏观构造也称粗视构造，是肉眼或借助放大镜即可观察到的木材组织构造；微观构造为借助显微设备可观察到的木材细胞排列形式及细胞自身组成构造。

2.1.1.1 宏观构造

　　自然生长因素使木材在各个方向的构造不同，木材的宏观构造可以从横切面、径切面与弦切面上加以观察。横切面是垂直于树干长度方向截断所得到的切面，径切面为平行于树干轴线并通过截面中心（髓心）的切面，弦切面为平行于树干轴线并沿年轮切线方向的切面（图2-1）。[1]

　　原木的3个切面有着不同的纹理特征。其中，横切面是识别木材构造最重要的一个切面。在横切面上由外向内依次可见树皮、木质部、髓心（图2-2）。木质部内又可观察到年轮、边材、心材、木射线等构造特征；有时，还可以观察到节子这一特殊构造。

　　【树皮】

　　分为外树皮、内树皮。外树皮又称死皮，颜色较深；内树皮由活的树皮细胞构成，具有向下输送并存储营养物质的作用。

　　【髓心】

　　位于木材横断面的中心部位，由初生木质部的薄壁细胞构成。髓心常为褐色或淡褐色，质地较软，强度低，干燥过程中易开裂。

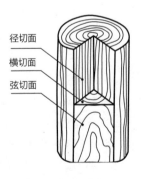

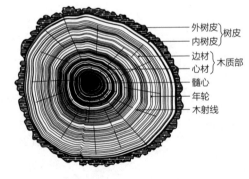

图2-1 木材的切面分类　　　　图2-2 木材横切面构造

【木质部】

介于髓心与树皮之间的部分。木质部靠近树皮的部分通常色泽较浅，含水率较高，称为边材；靠近髓心的部分颜色较深，含水率较低，称为心材。心材由边材老化而成，其中的细胞通常已死掉。心材强度与边材相差不大，但其耐腐蚀性更强。[1]

【年轮】

树木每一生长季节形成一个色泽深浅相间、绕髓心呈环状分布的圆环，称为生长轮，又称年轮。在热带、亚热带地区，树木生长受到雨季和旱季频繁交替的影响，一年内能形成数个生长轮；在温带和寒带地区，树木生长受到季节交替的影响，一年仅有一个生长轮。生长轮使木材在不同方向具有不同的纹理特征。

【木射线】

横切面上从髓心到树皮连续或断续穿过年轮、呈辐射状的条纹，由薄壁细胞组成，树木生长过程中起到横向输送与储藏养分的作用。木射线与周围组织的结合强度相对较低，干燥过程中易沿其发生（指向髓心的）径向开裂。

【木纹】

在木材的横切面上，年轮呈现出深浅相间的圆环形纹理。在径切面上，髓心、年轮等组织被截断后形成沿长度方向的条带状纹理，木射线则呈现为横向分布的线状或带状组织。因为树干有一定锥度（梢头细、根部粗），所以在弦切面上，年轮组织被切断后呈"V"字形纹理。

【斜纹】

如果树木在生长过程中纤维或管胞的排列与树干轴线不平行，则在原木上产生斜纹。斜纹易导致锯解出的方木、板材纤维不均匀，会对其力学性能造成不利影响。

【节子】

天然木材的组织并非是均匀的，木节夹杂其中。从形状上来分，木节分为圆状节、条状节和掌状节三种；按节子的质地及与周围木材的结合程度又可分为活节、死节和漏节三类（图2-3）。[1]

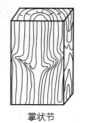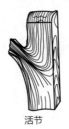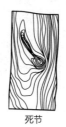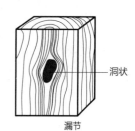

圆状节　　　条状节　　　掌状节　　　活节　　　死节　　　漏节　洞状

图2-3 木节

活节是砍伐时仍存活的枝杈形成的，其材质坚硬，和周围木材结合紧密。死节是由枯树枝被树的活体包围形成的，与周围的木材组织完全脱离或部分脱离。漏节是节子本身已经腐朽，并连同周围的木材也受到影响；常呈筛孔状、粉末状或空洞状。木节对木材的均匀性和力学性能均会产生一定的影响，[1]影响程度与木节的种类、大小和密集程度等因素有关。木节也会增加木材纹理的变化，形成自然感更强的纹理特征。

2.1.1.2 微观构造

从微观层面看，针叶树细胞的组成主要是纵向管胞，占比90%以上。管胞沿树干纵向排列，形成密布的管束状构造。各管胞间通过木质素等结合物质相粘结（图2-4）。阔叶树细胞的组成主要是木纤维和导管，占比分别为50%和20%左右，同样导致其形成管束状构造。木材组织的这一构造使得木材具有各向异性的特征。建筑用板材通常由原木在纵向切面方向锯解而得。横切面锯解所得板材虽板面硬度大，耐磨损，但易折断、难刨削；在纵向切面方向、顺纹方向的力学强度普遍大于横纹方向；传热、传声、导电能力同样也是顺纹方向强于横纹方向。

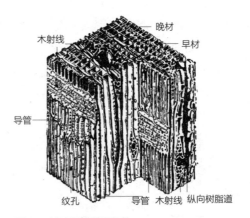

图2-4 针叶树的微观构造

木材细胞的主要成分是纤维素、木质素和半纤维素，其中以纤维素为主，在针叶树中纤维素约占53%。纤维素的化学性质稳定，是木材化学性能稳定性好的主要原因；木质素和半纤维素的化学稳定性较差。木材细胞的成分构成是导致木材易腐朽、变色的主要原因。

成熟的管胞为中空构造，细胞壁的微细纤维在纵向紧密靠拢，是木材各向异性在微观构造层面的主要原因。木材有吸湿性，细胞壁的微细纤维之间会存在吸附水，细胞腔和细胞的间隙中存在游离状态的自由水，这决定了木材会含有一定水分。水分对木材的力学强度、变形、干裂、腐朽等多方面性能都有严重影响。建筑用木材应经充分干燥，且应有适当的通风措施，以防潮气聚积产生危害。

2.1.2 木材的含水率及其性能影响

含水率对于木材来讲是一个非常重要的概念，会对木材的很多性能产生极大的影响，是了解木材特性必不可少的内容。

2.1.2.1 含水率

木材含水率是指木材中所含水分的质量与木材绝干后质量的百分比，它是木制品加工完成后，决定木制品内在质量的关键因素。

【平衡含水率】

木材的含水率随其周围空气相对湿度和温度的变化而变化。如果空气的相对湿度和温度在一段时间内保持相对稳定，木材表层的水蒸气压最终将与该相对湿度和温度下的空气中的水蒸气压平衡，木材的吸湿或解湿过程就会停止，此时的木材含水率称为平衡含水率。空气相对湿度和温度因地区和季节的不同而不同；因此，木材的平衡含水率在不同的地区、不同的季节也有所差异。我国各地的木材平衡含水率大约为10%~18%。木材在建筑中的应用应该据此取值，以保证其性能达到相对最佳的稳定状态。[1]

木材含水率大于25%时称为湿材，小于18%时称为干材，为18%~25%时称为半干材。新伐树木的含水率约为70%~140%；要满足建筑要求，需要做干燥处理，以达到平衡含水率。木材的干燥方法分为气干（自然干燥）和人工干燥两种。因为气干法一般需要半年或一年以上的周期，因此现实中一般采用人工干燥，比如将木材置于人工控温的干燥窑中的窑干法等。[1]

【纤维饱和点】

木材在干燥过程中，内部水分逐渐向外散发。当全部自由水散失，细胞壁中仍充满着吸附水时，为木材含水率的临界点，称为纤维饱和点（图2-5）。木材纤维饱和点是木材特性改变的点，当木材含水率大于纤维饱和点时，其体积、强度均保持不变；当含水率小于纤维饱和点时，则体

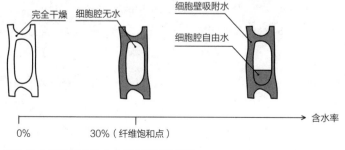

图2-5 木材细胞中的含水率变化过程示意

积、强度等特性随之变化。因此，含水率的纤维饱和点对于木材在建筑中的应用意义重大。大多数木材的纤维饱和点约为30%，大致在23%~33%范围内波动。[1]

2.1.2.2 含水率对木材性能的影响

含水率对木材的体积、强度、密度和耐久性等性能均会产生影响。

【体积影响】

木材含水率在纤维饱和点以下时，吸附水增加，使木材体积膨胀，直至木材纤维吸水达到饱和，这个过程称之为木材的湿胀；反之，木材体积会变小，称之为干缩。

木材沿三个切面方向的尺寸干缩率有较大的差别：纵向最小，线干缩率约为0.1%左右；弦向最大，可达6%~12%；径向居中，约为3%~6%，是弦向的1/2~2/3。由于树干纵向、弦向、切向的干缩率不同，同时截面各部位的含水率不同，锯解后的方木、板材在干燥过程中会发生形变和扭曲；图2-6显示了不同部位木材干缩变形的特征。发生过大形变和扭曲的木材会丧失利用价值，因此研究合理的锯解方案和干燥工艺对提高木材的利用率亦具有重要意义。此外，在设计中也需要将湿胀、干缩作为构件变形的主要影响因素加以考虑。

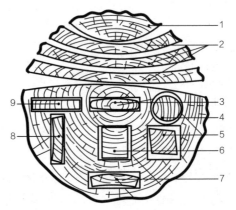

1—弓形收缩成橄榄形；2—瓦形反翘；3—两头收缩成纺锤形；
4—圆形收缩后成椭圆形；5—方形收缩成菱形；6—正方形收缩成矩形；
7—长方形收缩成瓦形；8—矩形收缩成不规则形；9—仅为尺寸缩小

图2-6 木材的干缩变形

相比湿胀、干缩，木材的热胀冷缩效应并不显著；顺纹方向线膨胀系数约为（3~4.5）×10⁻⁶，仅为钢材的1/3。木结构热胀冷缩变形较小使得其在木构建筑中不起主导作用，设计中仅在大跨木结构或长度较大的木构件（如木质管道）中考虑即可。

【强度影响】

含水率对木材强度产生的影响是：小于纤维饱和点时，含水率越低，强度越高；但它对不同强度的影响程度存在差异，对抗压、抗弯强度的影响最大，抗剪次之，对抗拉强度的影响最小。[2]

【密度影响】

含水率对木材的密度也会产生影响，由于木材的含水率不同，体积和质量均不同，因此木材的密度也不同；从而影响木材的力学、声学等性能。

【耐久度影响】

木材含水量的提高为木腐菌的生长创造了便利条件，使木材易于腐朽。含水率低于纤维饱和点时，可有效减轻腐朽；含水率低于20%，可有效防止腐朽，大幅提高了木材的耐久度。[2]

2.1.3　木材的力学性能

与其构造特征对应，木材顺纹与横纹方向的物理力学性能有很大差异。横纹方向的径向和弦向也有差别；但木材锯解时往往弦切面和径切面交替出现，故较难在实际工程应用中区分弦向及径向强度指标。因此，相关的设计标准中通常仅统一给出横纹强度指标。

工程应用中的木材强度除受木节、斜纹、髓心等宏观缺陷的显著影响外，还受到使用环境条件、荷载作用时间等因素的影响，这些因素在设计中均应加以细致考虑。

对应于不同的作用力形式，木材强度可分为抗拉、抗压及承压（承压是指两构件相抵时，在其接触面上传递压力；由于接触面可能不平整，承压强度略低于抗压强度，但差别很小；顺纹强度中一般对抗压、承压强度不加区分；横纹承压情况下，通常考虑受力面大小的影响，区分不同承压强度）、抗弯、抗剪强度。根据作用力相对木纹的方向，则有顺纹、横纹、斜纹强度的区分。木材主要强度指标包括顺纹方向的抗拉、抗压及承压、抗弯、抗剪强度；横纹方向的抗拉、承压、抗剪强度；斜纹方向的承压、抗剪强度。

2.1.3.1　清材的力学性能

宏观上无任何缺陷的木材称为清材。清材虽不能代表工程应用中使用的材料，但其强度却反映了木材的基本力学性能，是确定各类木材强度设计指标的基础。本节对清材强度总体特征作简要介绍如下。

1. 木材强度与密度的关系

大量试验表明，木材强度与密度有较为紧密的联系。特别是同一树种的木材，其密度与强度间存在较强的正相关性。无缺陷木材的各种强度、弹性模量以及木材的全干相对密度G有下列近似关系可供参考：

顺纹抗压强度：$f_c=5.75+63.3G$　　（N/mm²）

顺纹抗拉强度：$f_t=34.69+163.95G$　（N/mm²）

抗弯强度：$f_m=8.14+136.22G$　　（N/mm²）

弹性模量：$E=2100+13720G$　　（N/mm²）

2. 清材各向强度特征

总体而言，木材顺纹受力强度最佳，横纹方向强度最低，斜纹方向的强度则介于二者之间。木构建筑应尽可能充分利用木材的顺纹强度。

【顺纹性能】

对于无缺陷木材，其顺纹抗拉强度最高，约为顺纹抗压强度的2~3倍；顺纹抗弯强度介于抗拉强度与抗压强度之间，约为抗压强度的1~2倍；而顺纹抗剪强度则约为抗压强度的15%~30%。[2]

【横纹性能】

木材横纹抗拉强度极低，易造成劈裂，影响美观和使用功能。以鱼鳞云杉为例，其横纹抗拉强度仅为2.5 N/mm²，约为顺纹抗拉强度的1/40~1/10。设计中应尽量避免木材横纹受拉情况的发生。在某些情况下（例如弧形梁受弯时）横纹抗拉无法避免，则需加以验算以保证强度，或采取针对性的补强措施。

木材横纹承压强度较低，通常不超过顺纹承压强度的30%。按承压面积占总表面积的比例，可分为全表面承压和局部（表面）承压，后者可再细分为局部长度承压和局部宽度承压（图2-7）。承压强度的大小关系为：全表面承压＜局部宽度承压＜局部长度承压。局部长度承压时，承压面两侧木材纤维通过弯拉作用协助传力，可提高其承压强度。实验表明，只有承压面边缘距构件端头一定距离、承压长度不大于200mm时，强度才有提高。对于局部宽度承压，木材在横纹方向缺少纤维联系，两侧木材不能帮助其工作，荷载扩散能力也很弱，所以并不能提高其承压强度。[3]

木材横纹抗剪，指剪力方向与木纹垂直而剪切面平行于木纹的情况，又称为滚剪。图2-8所示为顺纹抗剪与横纹抗剪的剪面及剪力方向。木材滚剪强度较低，仅为顺纹抗剪强度的22%~38%。

【斜纹性能】

木材的斜纹承压强度随承压应力方向与木纹方向的夹角α而变化。斜纹承压强度在顺纹承压强度f_c（$\alpha=0°$时）与横纹承压强度f_{c90}（$\alpha=90°$时）

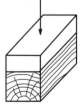

（a）全表面承压

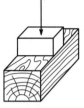

（b）局部长度承压

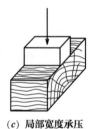

（c）局部宽度承压

图2-7 木材承压

（a）顺纹抗剪

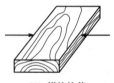

（b）横纹抗剪

图2-8 木材抗剪

之间逐渐过渡，并始终介于两者之间。

　　木材斜纹受剪，也称为成角度受剪，是介于顺纹受剪和横纹受剪之间的状态。斜纹抗剪强度介于顺纹、横纹抗剪强度之间，并在两者间逐渐过渡。

　　【破坏延性特征】

　　木材在各方向上承压时，均可表现出可观的塑性变形。以顺纹承压为例，木纤维可能会出现受压屈曲现象；受压过大而破坏时，试件表面会出现皱折，并呈现明显的塑性变形特征。[3]木材在各方向受拉、受剪时均呈现脆性破坏特征，即在无明显变形的情况下，破坏突然发生。清材试件顺纹抗弯时，可在截面受压区发展一定的塑性变形，并最终在受拉区发生拉断破坏。

2.1.3.2　结构木材力学性能

　　工程中使用的木材不可避免地存在生长因素及人为加工造成的各种缺陷，为与清材相区别，称其为结构木材。

1. 缺陷及影响

　　结构木材具有与清材类似的力学性能基本特征，例如强度与密度成正比以及顺纹与横纹的性能强弱对比等。木材缺陷对结构木材力学性能的影响同样不容忽视。

　　【节子】

　　节子对木材顺纹抗拉强度影响最大，对顺纹抗压强度影响最小；对抗弯强度的影响则取决于木节在木构件截面高度上的位置：在受拉边影响最大，在受压区高度范围内影响较小。木节对木材力学性能影响的程度尚与节子的种类、大小和密集程度有关；一般来说活节的影响最小，死节的影响中等，漏节的影响最大。

　　【斜纹】

　　斜纹对木材的抗拉强度影响最大，抗弯次之，抗压最小。总的来说，木纹斜率越大，木材的强度越低，因此结构木材中应严格控制木纹的斜率。

　　【裂纹】

　　树木在生长过程中如遇大风作用，一些树的树干横截面上会出现沿着年轮或通过髓心的裂纹（轮裂或径裂）。伐倒后如果干燥方法不当，干缩变形还将使裂纹进一步扩展。髓心及指向髓心的木射线均为木质部中较为薄弱的部分，易产生通过髓心的裂纹，对于干缩率大、易开裂的树种，通常采用破心下料的方法进行锯解，以减少产生干裂的概率。裂纹会影响木材美观，并影响其力学性能。

　　裂纹对顺纹受剪影响最大，受弯次之。因此凡构件剪应力较大的区域，木材上不应有裂缝。出现通长贯通裂缝的木材不允许用作结构木材。

【综合影响程度】

因顺纹抗拉强度受到缺陷影响的程度高于其他强度，基于统计分析得到的结构木材顺纹抗拉设计值反而低于抗压强度，这与清材中抗拉强度最高的情况截然相反。

缺陷对木材顺纹抗拉强度的影响，也造成了结构木材受弯试件破坏特征与清材受弯试件的差异。清材试件在受压区边缘纤维首先屈曲皱折而引起破坏；而结构木材受弯则往往表现为受拉区边缘受斜纹或木节影响而首先拉断，此时受压区边缘木材通常未见塑性变形。上述过程也解释了有时结构木材的抗弯强度反而低于抗压强度的现象。

2. 结构木材质量控制与分级

木材是一种非均质材料，其生长过程中受光照、温度、水分、土壤、养分等环境条件的影响，形成与其生长环境相适应的生物学和生态学特性。这使得木材质量具有天然的变异性。对于结构木材而言，每根木材上的缺陷大小、分布位置均存在一定的随机性，而同一缺陷对不同强度指标的影响也有差异。以上因素增加了结构木材强度的变异性。

鉴于木材性能的随机性，结构用木材中对包括缺陷水平在内的木材质量需加以严格控制，以保证其结构可靠性。考虑到结构木材质量的显著变异性，为优化材料利用，通常将结构木材进行质量分级，并采取适当手段（例如足尺试件检测）建立起不同质量等级所对应的强度设计指标。各国木结构设计标准及产品标准中，均有针对木材质量控制和分级的相关规定。以天然木材中的锯材为例，可根据肉眼可见的缺陷严重程度或结合机械检测得到的弹性模量等指标进行质量分级。类似地，工程木制品生产加工时不仅需对木板、木片等木质原料的质量等级进行控制，在结构用胶性能、生产工艺条件等方面也应严格遵守相应的产品标准，以保证其质量满足对应质量等级（即强度等级）的要求。

2.1.3.3 影响木材强度的其他因素

结构木材使用期间，其力学性能还会受到使用环境条件和荷载持续作用时间等因素的影响。导致木结构的设计计算非常复杂，给结构设计师带来设计难度。作为建筑师，也需要了解这些影响因素，以便更好地理解木材的力学规律。

【荷载持续作用效应】

木材是一种黏弹性材料，在荷载的持续作用下，随时间的推移，强度逐渐降低，这一效应称为荷载持续作用效应（duration of load，可简称为DOL效应）。例如，荷载持续作用在木构件上10年，强度将降低40%左右。[1]实际木结构工程需考虑设计使用寿命内荷载的有效作用时间，并考虑相应的强度折减系数（木材在结构强度计算时，要乘以折减系数，以避免随时间变化结构强度发生衰减对结构安全产生不利影响）。我国木结构设计规范中所给出的木材强度设计指标中已隐含荷载持续作用效应折减系数0.72。当单独考虑恒荷载作用时，应考虑更为严重的荷载持续作用效应，将强度指标再乘以0.8的折减系数；此时对应的荷载持续时间影响系数实际为0.576。[2]

【体积效应与荷载图式效应】

体积效应又称尺寸效应，即同质的材料，随体积增大，强度会降低。木材体积越大，木材中包含木节、斜纹等缺陷的可能性越大，越容易造成严重的结构损伤，从而导致木材的强度降低；抗压和抗弯强度所受的影响尤为明显。在美国和欧洲的木结构设计规范中都做了尺寸调整系数的规定。

荷载图式效应反映了构件的内力分布与致命缺陷位置之间的关系对强度的影响效应。构件上荷载图示不同，最大应力所在的位置及分布范围不同，与随机分布的最大致命缺陷所在位置重合的概率也不相同。为此，设计中对构件强度的计算应考虑相应的调整系数。

【温度】

温度升高，木材的强度和弹性模量会降低，大致呈线性变化趋势。强度降低的程度与含水率、温度值及其延续作用的时间等因素有关。温度每改变5℃，木材的抗压、抗弯强度和弹性模量随之变化2.5%~5%；温度对抗拉强度的影响幅度较小，大致为上述数值的1/2。若木材长期处于60~100℃的温度条件下，其水分和一些挥发物将蒸发，木材将变成暗褐色。温度超过140℃，木纤维素开始裂解而变成黑色，强度和弹性模量将显著降低。在地球气温范围内，温度对结构木材的力学性能影响不大。《木结构设计标准》GB 50005-2017规定木结构不应长期处于高温下工作；木材表面温度达到50℃，强度设计值降低20%。

【含水率】

前文已述，含水率会对木材强度产生影响。我国现行《木结构设计标准》GB 50005以含水率12%为标准；当木材含水率为8%～23%时，可以按照下式调整至含水率为12%时的强度：

$$f_{12}=f_\omega[1+\alpha(\omega-12)] \qquad (2-1)$$

式（2-1）中：f_{12}、f_ω分别为含水率为12%和含水率为ω时的木材强度；α为调整系数，对应不同受力状态的取值如（表2-1）。[1]

木材含水率调整系数   表 2-1

受力性质	α	树种
顺纹抗压强度	0.05	一切树种
弯曲强度	0.04	一切树种
弯曲弹性模量	0.015	一切树种
顺纹抗剪强度	0.03	一切树种
顺纹抗拉强度	0.015	阔叶树种
横纹全表面承压强度	0.045	一切树种
横纹局部承压强度	0.045	一切树种
横纹承压弹性模量 *	0.055	一切树种

注：* 换算弹性模量时使用式（2-1），但将 f 改为 E，其拉、压弹性模量 α 系数可分别参照拉、压强度的 α 值。

2.1.4 木材的视觉特性

木材独特的视觉属性使其在建筑装饰领域得到广泛的应用，其材色、光泽与纹理是使用者选用木质建材时关注的焦点。准确认识木质建材的视觉特性，关注使用者的偏好，有助于更为合理地选用木材，从而提升建筑空间的视环境品质和健康属性。

【材色】

木质素是木材的颜色及其变色的主要因子，其主要成分芳香类化合物具有显色反应。各种木材含有的芳香类化合物的种类、数量不同，导致木材具有不同的颜色。[4]如云杉为白色；乌木为黑色；香椿、厚皮香、红柳、桃花心木、翻白叶、红豆杉为红色；黄柳、黄疸、野漆、菠萝蜜、黄连木、桑树为黄色或黄褐色。[1]此外，通过加工处理也可以改变木材的材色；比如用有色的木蜡油涂刷、热处理或化学处理等。

不同的木材材色会导致使用者感受上的差异。明度高的木材，如白桦、鱼鳞云杉，给予使用者明快和舒畅的心理感受；明度低的木材，如红豆杉、紫檀等，给予使用者稳重和素雅之感。而木材以暖色的黄、红色系为基调，使用者会在心理上产生温暖感。

木材的材色在使用后均会产生一定的变化，发生褪色现象。这主要有三方面原因：一是木材长时间暴露在阳光和空气中，木质素会发生分解；二是受到外部化学作用的影响，如钉子等的金属离子会使木材表面产生铁黑色斑；三是在木腐菌腐蚀木材的过程中，使木材发生霉变、腐朽，从而改变木材的颜色。如何保持色彩稳定，也是木构建筑设计与防护的重要内容。

【光泽】

一方面，材料的光泽度会影响光反射率，从而影响人的视觉舒适感。常用的建筑材料中，大理石的光反射率为60%~70%，白色涂料壁面的光反射率为70%~80%，白色釉面砖的光反射率则可达到80%以上；但木材的光反射率仅为35%~50%，恰好处于人眼感到舒适的40%~60%区间。[5]

另一方面，木材不同的光泽度也会对使用者造成心理感知上的差异，光泽度越低的木材，越会给予使用者粗糙、柔软的触感，并产生较强的温暖感；反之则给人以坚硬的触感和较弱的温暖感。

【纹理】

每一种树木都会呈现出独特的纹理特征；比如，榉木纹理粗大明显，樟木纹理柔和含蓄。不同的切面也会导致木材的纹理差异；通常，木材在横切面上呈现同心圆状花纹，径切面上呈现平行的带状花纹，弦切面上呈现扩散的抛物线状花纹。[6]此外，木材的节子也能为使用者带来独特的视觉体验。

木纹会给使用者带来良好的心理感知，主要表现在以下几个方面：在图形学上，木纹是由一些平行但不等距的线条构成的，带给使用者以流畅、舒缓和轻松的感觉；木材自然形成的生长轮的宽度和颜色呈现出起伏和深浅变化，这种蕴含着周期变化的图案体现出的规整与协调，赋予木质建材华丽、优美、自然、亲切的视觉感受。[6]

2.1.5　木材的声学特性

准确认知木材的吸声与隔声特性以及声反射性能，对木材进行合理的声学处理，将对营造良好的空间声环境起到积极作用。

【吸声特性】

木材虽然具有较高的孔隙率，但内部的孔隙并不连通。未经任何处理的实体木材吸声率在各频段都低于20%，吸声效果并不理想。因此，普通木材不适宜直接用作吸声材料；相较而言，木质人造板在低频段的吸声性能平均优于实体木材。[5]

【隔声特性】

由于木质建材的面密度较低，相比钢材、混凝土等建筑材料，木材的隔声性能不够理想；例如，2mm厚钢板的隔声量基本与35mm的刨花板相同。因此，在建筑隔断的应用中，需要针对空气声和冲击声作相应的隔声处理。[5]

【声反射性能】

木质材料对环境声的中高频段（2000~4000Hz）吸收较多，对人耳感受比较柔和的中低频段（125~2000Hz）反射较多；因此，木材对于改善室内声场反射声能的效果能够发挥重要作用。在音质要求较高的厅堂空间中，常采用木质内壁装饰和木质声学扩散板来达到良好的声学效果。

2.1.6　木材的热工特性

将木材作为建筑外围护材料使用时，其优质的热工特性对于建筑的保温、节能起到了积极的作用。合理运用木材的优良热工特性，与其他材料复合使用，有利于实现建筑低碳节能的目标。

【导热系数】

木材是一种具有纤维结构的多孔材料，其导热系数小，保温性能良好。根据《民用建筑热工设计规范》GB 50176—2016，木材相比传统建筑材料，导热系数较小；约为普通黏土砖砌体的20.9%，钢筋混凝土的9.7%。与空心砖砌体、加气混凝土相比，导热系数也小得多（表2-2）。[7]

不同建筑材料的导热系数[5]　　　　　表 2-2

材料种类	混凝土	红砖	柳杉	福建柏	刨花板	玻璃棉	岩棉
导热系数 λ [W/(m·K)]	1.4	0.53	0.083	0.088	0.092	0.038	0.032

【容积比热】

材料容积比热，即比热容与密度的乘积；容积比热越大，说明材料的储热能力越强。尽管木材的容积比热略低于混凝土、红砖等材料，不是最好的蓄热材料；但也可以起到相当的储存热量的作用，减小室内温度的变化幅度（表2-3）。

不同建筑材料的容积比热[5]　　　　　表 2-3

材料种类	混凝土	红砖	柳杉	福建柏	刨花板	玻璃棉	岩棉
容积比热 s [J/(m³·K)]	481	332	187	223	350	4	10

2.1.7　木材的触觉特性

木材会给人以丰富的触觉感知，一般以冷暖感、粗滑感、软硬感来综合评价某种物体的触觉特性。木质建材给人带来的触觉冷暖感觉主要受材料的热导率影响。冷暖感心理评价与热流方向的热导率呈明显的负相关。木材热导率小，故其触觉冷暖感评价较高。材料的粗滑感和软硬感则主要受树种和加工方式的影响。比较各种材料的触觉特性可知，木材及木质人造板的冷暖感偏温和，软硬感和粗滑感适中，以适当的触觉特性参数值给人以适宜的刺激，引起良好的感觉。此外，人们触摸木材的习惯性心理还可使人产生亲切感。[5]

2.2　木材改性

建筑用木材常常需要改性处理，以达到更好的性能要求。木材改性可以有效改善木材的物理性质、化学性质和构造特征，提升木材自身的防腐、防火特性，改变木材色泽，使材质较差的木材得以高效利用。因此，木材改性是扩大木材应用范围、提高木材利用率的重要方法。基本的改性处理方式有热处理、药剂处理、压缩处理与复合处理。

2.2.1　热处理及其产品

木材热处理是指在保护气体环境或液体介质中，在160~250℃温度范围内，对木材进行处理的一种技术。热处理方式可以使木材获得良好的尺寸稳定性、耐腐蚀性、耐候性。热处理还可以改变木材的颜色。目前，按照所使用的加热介质不同，木材的热处理工艺主要有3种：气相介质加热法、水热法和油热法。[8]常见的热处理改性产品有炭化木、蒸煮木等。

【炭化木】

炭化木素有物理"防腐木"之称，也称热处理木；是指经过190~212℃的高温高压，对木材进行长时间热解处理后的木材。处理后木材颜色变深，耐久性、尺寸稳定性、防腐防蛀等性能都得到提高，[8]可在潮湿的环境中使用。常用于桑拿房和浴室、饰面墙板、游泳池地板、园艺小品、围栏等。

2.2.2　药剂处理及其产品

药剂处理是指通过外加试剂对木材进行处理，改变木材的内部生物结构、物理性质，或催使木材发生化学变化，从而改善木材性能。现有技术较为成熟的药剂改性处理产品有防腐木、乙酰化木、浸渍木等。

【防腐木】

将普通木材经过化学防腐剂处理之后，使其具有防腐蚀、防潮、防真菌、防虫蚁、防霉变以及防水等特性。常应用于户外地板、园林景观小品、木栈道、基础垫木等。

【乙酰化木】

用醋酸酐与木材发生反应，使木材中的亲水基被替换，极大地降低了木材的吸水能力；从而提高木材的尺寸稳定性和生物耐久性，使其更加经久耐用。常应用于细木工制品、外墙面板、地板、甲板等。

【浸渍木】

木材在水溶性低分子量树脂的溶液中浸渍时，树脂扩散进入木材细胞壁后经干燥除去水分，树脂由于加热而固化，生成不溶于水的聚合物，这样处理的木材称为浸渍木。经过浸渍处理后，木材的尺寸稳定性显著提高，力学性能和耐热性能得到改善。与素材相比，浸渍木顺纹抗压强度有所提高，顺纹抗拉、顺纹剪切强度略有下降，冲击韧性降幅较大；故不能用于对冲击强度有严格要求的场所。[8]应用脲醛浓缩体（UFC）处理的杨木浸渍木的尺寸稳定性和耐腐性均较素材高。处理后的材色浅，可代替杉木作建筑用材。

2.2.3 压缩处理及其产品

压缩处理是指经湿热处理的木材，在其垂直纹理方向进行热压，使木材的弹性变形转化为塑性变形；在木材被压缩状态下，降低它的温度与含水率，使木材压缩后的体积与形状定型化，从而形成密实的木材。

木材压缩处理的缺点是在潮湿的环境中会吸湿而回弹，失去压缩密实的特点，造成尺寸的不稳定。压缩处理的木材产品叫压缩木。压缩木被广泛用于制造机器的轴承、轴瓦以及纺织用的木梭，以替代珍贵硬阔叶材；也常被应用于室内楼梯扶手的制造。近年来，压缩技术不断提高；相信在不久的将来，压缩木产品的应用范围会越来越广。

2.2.4 复合处理及其产品

复合处理是指将木材与其他优质材料进行复合，使木材兼具自身特性与其他材料的优质特性，从而改善木材的使用性能，获得具有多重优势的复合产品。常用的复合处理产品如橡胶复合地板。

【橡胶复合地板】

充分利用木材与有机高分子产品——橡胶之间性能的差异性，通过均混、层合等方法进行交叉复合，从而实现功能互补，满足特定应用场合的要求。橡胶是优良的弹性材料，可增强木质复合材料吸收冲击能、缓冲外来荷载的能力。[9]

2.3 结构用木材

我国对于结构用木材树种的选择有详细规定。根据现行《木结构设计标准》GB 50005，当前我国可用于结构用木材的针叶树种共18种、阔叶树种6种，另有二十余种进口树种或树种组合。[3]在对以上树种的木材进行选择时，除应考虑树种的木材强度外，更需注意每个树种各自的特点；以便在对木材进行加工、施工时，采取相应的防范措施。

制作木结构及其相关构件时，可供选择的材料可分为三大类：天然木材（timber）、工程木（engineered wood product, EWP）以及预制木构件产品。

2.3.1　天然木材

《木结构设计标准》GB 50005中的结构用天然木材可分为两类，一类是沿用自我国传统木结构实践的粗材，规范中称之为"方木与原木"，尚不是应力定级木材；另一类是工厂化、标准化生产的现代木产品，规范中称之为"锯材"，是应力定级木材。这两类天然木材的强度确定方法存在较大差异。

2.3.1.1　方木与原木

作为粗材使用的方木与原木，是在施工现场或加工厂按设计图制作的圆木或锯解成的方木、板材。规范上虽有对其质量分级标准的规定，但该质量等级仅用于划分不同使用场合（例如I_a等级，材质比较好，受拉或拉弯构件中应采用I_a等级材料），并未与强度等级挂钩；强度设计指标仅根据材料对应的树种来确定。

原木是指去皮后的树干，将原木用作建筑结构用材可以很好地展现木材天然质朴的外观。原木常应用于周边自然景观优越的低层建筑中，用以表现建筑融入自然的亲和感。

原木直接用作结构构件时往往要求很高，要求整根构件长度大、直径变化小、外观好、缺陷少（图2-9）。[2]因此，原木建材由于其严格的挑选要求，往往造价较高。

方木与板材均为矩形截面构件；宽厚比小于3的称为方木，大于或等于3的称为板材。

（a）原木　　　　　　　　　　　　　　　　　　（b）原木建筑

图2-9 原木及原木建筑

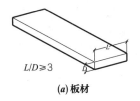

（a）板材

（b）规格材

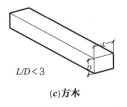

（c）方木

图2-10 板材、规格材和方木

（a）平锯法

（b）十字象限法

（c）径切法

图2-11 锯材的三种锯解方式

2.3.1.2　锯材

锯材是经专业工厂将木料按系列化尺寸锯切、干燥、刨光、品质定级、标识等一系列工序生产的木产品。目前我国这类锯材主要依赖进口，大多来自加拿大和美国。北美锯材按不同用途分为三类：一是板材，主要用于承受较大荷载的楼板；二是规格材，主要用于轻型木结构；三是方木，分为梁材和柱材（图2-10）。欧洲规范EC5中无规格材、板材、梁柱材之分，统称为锯材或实木（solid timber）。

《木结构设计标准》GB 50005中除方木与原木外，还采用了北美规格材和梁柱材，并将梁柱材称为工厂化生产的方木。但这类应力定级锯材除由北美进口外，实际上并无国产产品供应。

锯材可用作框架建筑的结构材或楼地面的覆面板，主要有三种锯解方式：平锯法、十字象限法和径切法（图2-11）。

【方木】

指宽厚比小于3的、截面为矩形或方形的锯材，常用作建筑物的梁和柱。一般方木的最小截面尺寸为140mm×140mm，最大截面尺寸可达400mm×400mm。[2]

【板材】

指宽厚比大于或等于3的、截面为矩形的锯材。常用的实木板材为企口板，用于"梁柱结构"体系中的楼、屋面板。

【规格材】

木材截面的宽度和高度按规定尺寸加工的规格化木材。常用截面高度为38mm、64mm、89mm，截面宽度为38mm、64mm、89mm、140mm、184mm、235mm、286mm。规格材主要用于"轻型木结构"建筑的主体结构中，如墙骨、楼盖搁栅、椽条以及轻型木屋架的弦杆和腹杆等。[2]

2.3.2　工程木

工程木是一种重组木材，其中一类是由一定规格的木板粘合而成的层板类工程木；另一类是用更薄、更细小的木片板、木片条、木条等粘结而成的结构复合木材。

工程木可用于建筑的结构与装饰；当用于建筑的结构时，可依据不同结构和不同部位选用不同的工程木。工程木保留木材质感的同时，也改善了原木和锯材存在的缺陷，工程木的出现是推动现代木结构建筑发展的重要因素。

2.3.2.1　层板类工程木

【层板胶合木】

简称胶合木或GLT（glued laminated timber），就是用板材（层板）按木纤维平行方向，在厚度、宽度和长度方向胶合而成的木材制品（图2-12）。胶合木的原料多是间伐材和小径材。使用胶合木是节约木材，提高木材利用率的有效手段。胶合木可直接用作建筑结构骨架，常用在大跨建筑中，用以满足复杂建筑造型与结构的需要；也可用作梁、柱，或承受压弯荷载的弧形构件。集成材具有以下特点：

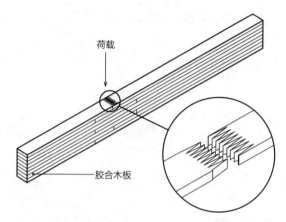

图2-12 胶合木构成示意图

物理性能好： 在胶合前可剔除有缺陷的部分，制品具有缺陷少、稳定度高、不易开裂的特点，其抗拉和抗压性能都在一定程度上得到提升。

加工性能好： 可按需要制造成通体长直形、弯曲形、拱形等，可实现各种曲线或折线形，为建筑设计提供更大的灵活度。

尺寸大： 可以加工成连续构件并保证构件的性能要求。

胶合木的出现为现代木结构建筑的长足发展奠定了基础，使木材在建筑中的利用更为高效，在一定程度上拓宽了木材的应用途径，胶合木在民用、公共、大跨度空间等各类建筑中都得到了广泛的应用。

此外，与层板胶合木性能相近的新型构件——钉合木，简称NLT（nail laminated timber），是一种重型板式木结构构件。NLT一般常用树种是SPF（云杉、松木、冷杉的英文缩写），如加拿大花旗松等。使用截面为2×4（38mm×89mm）、2×6（38mm×140mm）、2×8（38mm×184mm）等规格的木材，通过钉连接的方式进行组合，从而形成板式构件。通常其表面会覆盖胶合板或定向刨花板，以提高其结构承载力和稳定性。其主要优点是可以让木材裸露在外，并且具有很好的防火性能。这种新型构件在北美地区被广泛应用于多高层、大跨度建筑的楼（屋面）板，以及需要木材裸露的项目当中。

【正交层板胶合木】

简称CLT（cross-laminated timber），也叫交错层压木，是由三层或三层以上的层板互相叠层正交组坯后胶合而成的木制品。其中各层板由锯材或结构复合木材（SCL）平行胶合而成（图2-13）。CLT通常为奇数层，常见为3~7层，每层板厚30~40mm；成品宽度和长度主要考虑运输要求，宽度多为3m，长度可达18m。CLT使材料趋于各向同性，从而具备良好的双向力学性能，并且具有非常好的尺寸稳定性。可用作承重构件或木结构建筑的墙体、楼板和屋顶。由于采用CLT作为构件的建筑搭建简单、快捷，性能和质量更佳；所以，目前在多高层木结构建筑中得到广泛应用，并形成快速发展的趋势。

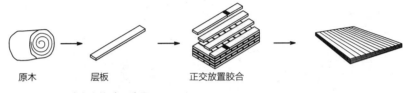

原木　　　　　层板　　　　　　　正交放置胶合

图2-13 正交胶合木构造示意图

2.3.2.2　结构复合木材

结构复合木材简称SCL（structural composite lumber），是数种胶合木的总称。相对于天然木材，结构复合木材具有强度高，稳定性好，节省大尺寸木材资源消耗，便于进行防虫、防腐、防火、防水等性能预处理工艺等优势。根据单位组成构件的规格与制作方式的不同，结构复合木材又有不同的分类，主要有旋切板胶合木（LVL）、平行木片胶合木（PSL）、层叠木片胶合木（LSL）和定向木片胶合木（OSL）4类。

【旋切板胶合木】

简称LVL（laminated veneer lumber），也称单板层积材；是将圆木旋切成厚度为2.5~4.8mm的单板，多层顺纹施胶叠铺，加温加压而成的一种结构复合木材（图2-14）。LVL板成品厚19.1~89mm、宽63.5~1219mm、长度可达25m，含水率约为10%。LVL通常用于建筑梁柱、桁架、枕木、承重墙、车厢板、房间装潢木龙骨等。[2]

原木　　　旋切　　单板　　　　　　顺纹胶合

图2-14 旋切板胶合木构造示意图

【平行木片胶合木】

简称PSL（parallel strand lumber），也称单板条层积材。是将原木旋切成厚度3.2mm的单板，再将单板切成约19mm宽的板条，并去除其中长度小于300mm的板条，施胶加温加压而成的一种结构复合木材（图2-15）。常见成品材规格一般为截面280mm×482mm，长度可达20m。PSL的力学性能优于同树种制造的LVL，可用作住宅和商业建筑的主要结构构件。它独特的纹理作为一种产品特色，常被裸露使用。

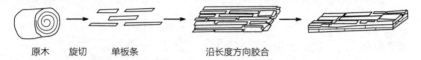

原木　旋切　单板条　　　　沿长度方向胶合

图2-15 平行木片胶合木构造示意图

【层叠木片胶合木】

简称LSL（laminated strand lumber），也称刨花层积材。是将削成厚度为0.9~1.3mm、宽度为13~25mm、长度约为300mm的薄木片均匀施胶，定向铺装，加温加压而成的一种结构复合木材（图2-16）。常见成品材厚度为140mm、宽度约为1.2m、长度约为14.6m，含水率为6%~8%。LSL不仅可作建筑用材，在家具、工业等方面也得到了广泛应用。

原木　旋切　长刨花状木片　　平行纹理胶合

图2-16 层叠木片胶合木构造示意图

【定向木片胶合木】

简称OSL（oriented strand lumber），也称定向刨花层积材。是由切削成长约100mm、宽约35mm、厚约0.8mm的木片，施胶加压养护而成的一种结构复合木材（图2-17）。上、下表层多数木片的长度方向与成品的长度方向一致，此即定向之意。常见成品板平面尺寸为3.6m×7.4m。OSL在结构复合材中经济性相对较好，常被应用在木结构工程中的梁、柱等承重构件中，更广泛地用以制作预制"工"字形木搁栅、定型系列木桁架。

原木　旋切　短刨花状木片　　平行纹理胶合

图2-17 定向木片胶合木构造示意图

2.3.2.3　木基结构板材

　　木基结构板材是将原木旋切成单板或将木材切削成木片，经热压胶合而成的承重板材，可用于轻型木结构中的墙体、楼面及屋面的覆面板，[2] 其长、宽规格多为1220mm×2440mm。结构中常用的木基胶合板材，按照其不同的制作方法主要分为两种：结构胶合板（structural plywood）和定向木片板（oriented strand board）。

　　【结构胶合板】

　　结构胶合板简称SP（structure plywood），是由数层旋切或刨切的厚度为1.5~5.5mm的木单板，按一定规则铺放，经胶合而成（图2-18）。组成的单板通常为奇数，常用的有三合板、五合板、七合板等。

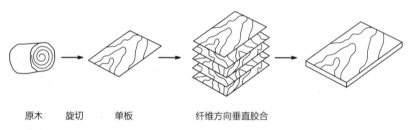

原木　　旋切　　单板　　　　　纤维方向垂直胶合

图2-18 结构胶合板构造示意图

　　【定向木片板】

　　简称OSB（oriented strand board），又称欧松板。OSB的构成与制作技术与OSL相同，只是成品尺寸不同。OSB成品板的厚度为9.5~28.5mm（图2-19）。

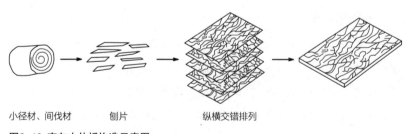

小径材、间伐材　　刨片　　　　纵横交错排列

图2-19 定向木片板构造示意图

2.3.3　预制木构件产品

　　这类木制品是工厂化生产的预制构件，是某些专用的结构构件，如预制"工"字形木搁栅以及专门用于轻型木结构屋盖的装配式轻型木桁架等。这些专门产品具有完善的性能指标，设计师在设计时可直接采用标准的产品尺寸进行设计。

2.4　建筑饰面用木质挂板

除了作为结构材料，木材在建筑中还主要被用来作为饰面材料，并且应用越来越广泛。建筑师希望利用木材特有的质感、纹理、色彩等视觉属性来增强建筑形态或空间的表现力。建筑饰面用木质挂板是指以全部木质或部分木质为基材，加工而成的建筑室内外墙体用装饰板材。其中，绝大部分是由专门生产厂家提供的产品，在外观质量和性能指标方面符合相关的行业标准。

2.4.1　木质挂板的材料与规格

建筑墙面的木质饰面形式极为丰富，主要原因之一就是木质挂板具有丰富的材料类型和规格。

【材料类型】

可以加工木质挂板的树种比结构用木材更加丰富。国外主要选用菠萝格（棕色）、红雪松（浅红色）等树种作为实木挂板的选材，国内通常选择樟子松、杉木、落叶松等材性优良、纹理优美的树种。除了天然的实木材料，还有很多改性木材、重组木材等经过不同加工处理方式的木材被用来制作成木质挂板，以实现更好的耐久性等材料性能和更加丰富的表现效果。按照源木材加工方式，木质挂板有以下材料类型：

实木挂板：以实木直接加工而成的木质挂板；

改性木挂板：以改性木为基材加工而成的木质挂板；

重组材挂板：以重组木、竹为基材加工而成的木质挂板；

木塑挂板：以木塑复合材料为基材加工而成的木质挂板；

人造板类木质挂板：以刨花板、细木工板、胶合板、纤维板等人造板为基材，经浸渍胶膜纸或预油漆纸等贴面加工而成的木质挂板；

集成材挂板：以木、竹的薄板或小方材集成胶合而成的木质挂板。[10]

【材料规格】

木质挂板的规格丰富，可以按照厂家提供的定型规格，也可以按照设计进行规格定制。木质挂板可以是矩形、条形等多种形状；以条形居多，宽度范围多为150~200mm。在实际工程中，构件的尺寸会根据地区和供应商的不同而进行轻微调整。一些改性木等非实木挂板因为材料的稳定性更好，尺寸可以更大。

增加木质挂板的尺寸会带来劈裂等风险。当环境湿度发生变化时，会在一定程度上对木质挂板的尺寸产生影响，甚至使其发生变形。在设计时，需要考虑尺寸变化的余量；并在安装之前，根据材料类型和淋雨概率，决定是否需要密封每块木板的末端，以防止末端的多孔断面在雨天吸收水分，而导致构件膨胀。

2.4.2　木质挂板的外观质量与性能要求

选择木质挂板除了形式需要外，还要关注外观质量和性能要求，建筑师需要了解相关评价因素。

【外观质量】

在对实木、改性木、集成材等常用木制外挂板进行选择时，若板材表面出现以下缺陷，将会对木质挂板的美观程度和使用寿命产生影响：死节、活节、裂缝、腐朽、裂纹夹皮、虫眼、钝棱、树脂囊、髓斑、霉变、漆膜划痕、漆膜鼓泡、漆膜针孔、漆膜皱皮、漆膜粒子、漏漆等。实木挂板、改性木挂板和集成材挂板的外观质量要求见表2-4。

实木挂板、改性木挂板和集成材挂板的外观质量要求 [10]　表 2-4

缺陷名称	优等品	合格品
死节	不允许	直径 < 20mm，数量不限
活节	挂板长度 ≤ 500mm 时直径 ≤ 10mm，且不超过 5 个；挂板长度 > 500mm 时直径 ≤ 10mm，且不超过 10 个	直径 ≤ 25mm，数量不限
裂缝	不允许	最多 1 条，宽度 ≤ 0.2mm，长度 ≤ 挂板长度的 20%，不影响使用
腐朽	不允许	不允许
裂纹夹皮	不允许	不影响使用的情况下不限
虫眼	不允许	不影响使用的情况下不限
钝棱	不允许	不允许
树脂囊	不允许	最多 2 条，长度 ≤ 5mm，宽度 ≤ 1mm
髓斑	不允许	不影响使用的情况下不限
漆膜划痕	不允许	不明显
漆膜鼓泡	不允许	不允许
漆膜针孔	不允许	最多 3 个，直径 ≤ 0.5mm
漆膜皱皮	不允许	不允许
漆膜粒子	挂板长度 ≤ 500mm 时不超过 2 个 挂板长度 > 500mm 时不超过 4 个	挂板长度 ≤ 500mm 时不超过 4 个 挂板长度 > 500mm 时不超过 6 个
漏漆	不允许	不允许

【性能要求】

由于木质挂板暴露于环境中，需要考虑的性能指标非常之多，主要包括：含水率、板面握螺钉力、抗冲击性能、漆膜附着力、漆膜硬度、甲醛释放量、可溶性重金属含量、尺寸稳定性、气候激变性能、吸水厚度膨胀率、抗人工老化性能、邵氏硬度、耐剥离力、表面胶合强度、抗冻融性能、表面耐污染腐蚀、浸渍剥离、表面耐冷热循环、表面耐划痕、色泽稳定性等。根据材料、环境、构造以及设计意图的不同，重点考虑的性能指标有所不同。实木挂板、改性木挂板的理化性能要求见表2-5。

实木挂板、改性木挂板的理化性能要求 [10]　　　表 2-5

项目	指标	
	室外用	室内用
含水率（%）	不大于我国适用地区的木材平衡含水率	
板面握螺钉力（N）	≥ 800	
抗冲击性能	凹坑直径 ≤ 10.0mm，无裂纹、无覆盖层或漆膜脱落	
漆膜附着力① （级）	≤ 3	
漆膜硬度①	≥ H	
甲醛释放量②	符合 GB 18580 的规定	
可溶性重金属含量①	—	符合 GB 18584 的规定

注：① 仅对表面涂饰挂板做检测；
　　② 仅对改性木挂板做检测。

2.4.3　木质挂板的基本布置与构造

木质挂板的水平、垂直、倾角等多种布置方式主要出于建筑师的外观设计意图，对应的安装构造需要保障木质挂板的稳固和耐久性要求。条形挂板的水平安装、垂直安装代表了木质挂板最基本布置方式的安装构造。室内挂板因所处环境基本稳定，构造要求相对宽松；而室外挂板由于要经受风吹、雨淋、日晒，构造要求更为严格。下文主要针对室外木质挂板的安装构造进行说明。

【水平安装】

将条形挂板按水平方向铺设于墙面为水平安装。安装挂板的墙体可以是木质墙体、砖墙、混凝土墙等各种墙体结构，都以软木龙骨作为媒介，将木质挂板固定在墙体上。根据墙体的材料，可以选择钉子、螺钉，或膨胀螺丝等，将龙骨固定在墙体上。为了防止砖墙、混凝土墙长期释放潮气，对实木、防腐木挂板造成影响，该类墙体表面也需要和木墙体一样做防潮处理，并保障龙骨层的通风流畅无阻。龙骨竖向排列安装在墙体上，间距一般为600mm，挂板长向对接处需要加设龙骨。图2-20为木质挂板水平安装的整体构造示意图。木质挂板与龙骨的连接需要针对挂板材质确定：软木等握钉力较好的挂板可以选用不会生锈的钉子、木螺钉直接连接；硬木需要钻孔后用

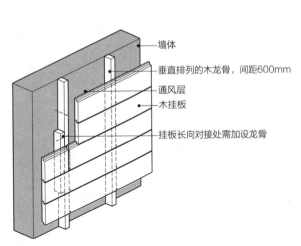

图2-20 木质挂板水平安装的整体构造示意

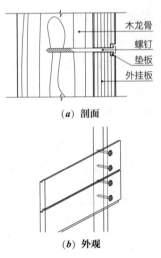

（a）剖面

（b）外观

图2-21 硬木木质挂板固定后的
外露螺钉

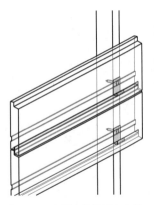

图2-22 金属连接件固定木质
挂板

不锈钢六角螺钉或加设垫圈的螺钉连接，孔径需大于螺钉直径，以防挂板缩胀引发裂缝。图2-21为硬木木质挂板固定后的外露螺钉外观，另一种硬木挂板的连接方式是用金属连接件连接（图2-22）。[10]

　　搭叠和平接是相邻水平挂板最基本的两种搭接方式（图2-23）：搭叠方式对应矩形截面或梯形截面挂板；平接方式，或者需要选择有企口的挂板产品，或者需要在平接接缝处留出间距，并在挂板的上、下边缘设置倒角，以引导雨水。[10]

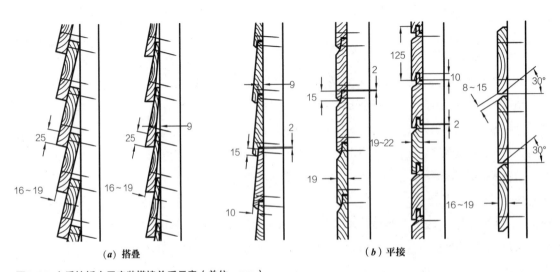

（a）搭叠   （b）平接

图2-23 木质挂板水平安装搭接关系示意（单位：mm）

【垂直安装】

　　将条形挂板按垂直方向铺设于墙面为垂直安装。垂直安装同样以软木龙骨作为媒介，将木质挂板固定在各类墙体上。为了使龙骨层的上、下通风流畅，一种方案是：垂直安装需要在垂直排放的龙骨上面再设一层水平排放的龙骨，间距一般同为600mm，挂板长向对接处同样需要加设龙骨（图2-24）；另一种方案是通过"板上板"挂板搭接方式，形成上、下通风的空隙，从而省略垂直层龙骨（图2-25）。[10]与水平安装方式一样，木质挂板与龙骨的连接，需要针对挂板材料类型的握钉力，选择不同的连接方式。

　　板上板搭接和平接搭接是相邻垂直挂板最基本的两种搭接方式（图2-26）：板上板方式对应矩形截面挂板，不但可以减少一层龙骨，而且可以通过变化上、下板的宽度，实现不同的表面肌理；平接方式对应有企口的挂板产品。[10]

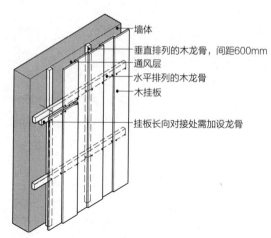

图2-24 木质挂板双层龙骨垂直安装整体构造示意图

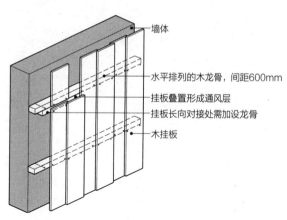

图2-25 木质挂板垂直安装的整体构造示意图

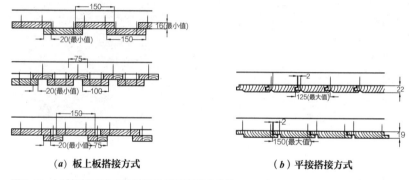

（a）板上板搭接方式　　　　　　（b）平接搭接方式

图2-26 木质挂板垂直安装搭接关系示意图（单位：mm）

思考题

1．木材含水率的概念及其对木材性能的影响是什么？

2．影响结构木材力学性能的因素有哪些？

3．结构用木材分为哪几种？

4．工程木相对于天然木材的优势有哪些？

参考文献

[1] 潘景龙，祝恩淳．木结构设计原理（第二版）[M]．北京：中国建筑工业出版社，2019．

[2] 何敏娟，LAM F，杨军．木结构设计 [M]．北京：中国建筑工业出版社，2008．

[3] 中华人民共和国住房和城乡建设部．GB 50005—2017木结构设计标准 [S]．北京：中国建筑工业出版社，2018．

[4] 王军，阮淑华．木材的颜色与变色 [J]．吉林林业科技，1992(1)：45-46．

[5] 于海鹏，刘一星，陈文帅．木质建材与微环境设计 [M]．北京：化学工业出版社，2009．

[6] 于海鹏，刘一星，刘震波．木材表面纹理的定量化分析算法与模型 [J]．中国林学会木材科学分会第九次学术研讨会论文集：323-331．

[7] 中华人民共和国住房和城乡建设部．GB 50176-2016民用建筑热工设计规范 [S]．北京：中国建筑工业出版社，2016．

[8] 雷得定，周军浩，刘波，等．木材改性技术的现状与发展趋势 [J]．木材工业，2009(01)：40-43．

[9] 杨刚，周坤，刘秀娟，等．木材纤维/橡胶颗粒复合地板基材的研制 [J]．林业工程学报，2012，26(06)：77-80．

[10] 中华人民共和国住房和城乡建设部．JG/T 569-2019建筑装饰用木质挂板通用技术条件 [S]．北京：中国建筑工业出版社，2019．

图片来源

图2-1 参照绘制：何敏娟，LAM F，杨军，张盛东．木结构设计 [M]．北京：中国建筑工业出版社，2008．

图2-2~图2-8 参照绘制：潘景龙，祝恩淳．木结构设计原理（第二版）[M]．北京：中国建筑工业出版社，2019．

图2-9：http://img.wood365.cn/Trade/20145/2014521193537613.jpg．；http://www.tyeeloghomes.com/images/feature-projects/the-battleriver/Log-Post-and-Beam-Loft.JPG．

图2-13~图2-19 参照绘制：Martin P. Ansell. Wood Composites [M]. Cambridge: Woodhead Publishing, 2015.

图2-20、图2-23~图2-26 参照绘制：TAYLOR L, KACZMAR P, HISLOP P. External timber cladding [M]. High Wycombe: TRADA Technology Ltd, 2013.

第 3 章

木构建筑的连接

　　独特的构件连接方式是木构建筑区别于其他建筑类型的重要特征，也是木构建筑设计的重要内容。本章知识点主要包括：连接的目的及基本要求、连接的基本方式及应用特征、金属转接件的基本类型。

3.1 连接的目的及基本要求

3.1.1 连接的目的

木构建筑有时会因为木材自身力学性能或尺寸所限，需要用不同的连接方法连接成大尺度的构件；或者会因为交通运输能力的限制，而分段制作构件，在现场进行拼装；当然也需要用"连接"把若干木材构件组装成受力合理的整体。不同于混凝土结构和钢结构，木结构难以实现刚性连接。一般情况下，连接的强度比构件强度要低；因此，木构建筑的连接对实现整体结构性能至关重要，甚至可以说连接的强度决定了木构建筑整体的强度。此外，木构建筑作为可暴露结构的建筑形式，其连接也是表达其结构美学的重要载体。木构建筑的连接常常需借助金属件来实现，应充分发挥其各自的性能优势，提高木材的力学效率，并凸显技术美感。木材连接的目的主要包括构件接长、拼接和不同构件的节点连接。

接长： 即木材的长度不足时，可将两段木料对接起来，以满足长度要求；

拼接： 即单根木料的截面尺寸不足时，可用若干根木料在截面宽度或高度方向拼接；

不同构件的节点连接： 即不同木构件间或木构件与金属构件间的连接，从而形成平面或空间结构。

3.1.2 连接的基本要求

【结构稳定】

要保障连接的结构稳定，需要按照以下原则进行结构设计：首先，连接应有明确的传力路径。此原则对于木结构连接尤为重要，因为木材是各向异性的材料，在受力上存在薄弱环节；受力不明确将会产生巨大的安全问题。其次，要具有良好的延性；延性好的连接在破坏前会有较大的变形，可提供一定的时间来采取措施，避免发生更大的事故。木结构的连接中常常有数个连接件共同工作，延性设计原则是通过内力重新分布，使各个连接件受力更趋均匀，防止"各个击破"；尤其对于地震地区的木结构建筑，连接的延性是衡量木结构抗震性能优劣的重要条件。最后，要具有一定的紧密性。木结构的连接容易发生紧密性较差的情况，在这种情况下，需要很大的滑移变形才能使连接受力，对结构十分不利。因此，应尽量使连接紧密；但在有些情况下又不能过度，以避免因木材收缩而导致开裂等隐患。[1]

【构造简单】

木结构的连接应追求构造简单，以便于施工和拆装。一方面，木构建筑作为重要的装配式建筑类型，简单的连接构造对于实现现场组装的快速实施和质量保障具有重要意义；另一方面，构件一旦发生破坏，简单的构造便于拆装维修，对于木结构的耐久十分有利。

【防火、防腐要求】

为满足防火的特殊要求，需采用内藏式节点进行连接；同时，也应符合规范中对连接节点防火的构造要求。此外，特殊节点的设计，应考虑其防腐、防潮以及防虫等方面的问题，以保证节点连接的有效性和耐久性。

【艺术性表达】

木结构建筑大量的连接节点外露，成为结构形态和技术表现的重要元素。或精致，或粗犷，或简约，或复杂的连接节点，都能够直接影响建筑空间的艺术表现力。因此，连接节点的设计需要结合形态的考量。有些情况可以通过带有秩序性的多个节点的组合，塑造空间的整体氛围；有些情况可以通过对中心节点的强化表现，形成空间的视觉焦点。

3.2 连接的基本方式及应用特征

3.2.1 榫卯连接与齿连接

3.2.1.1 榫卯连接

榫卯连接是不使用金属连接件，仅靠构件之间的相互挤压和剪切阻力来传递力的连接方法。在中国传统木构件连接中，榫即是构件的凸起部分，卯即是构件的凹进部位；在木料上分别开榫头和卯眼，通过它们之间的咬合，把木构件连接起来。

【中国传统榫卯】

中国传统木构中的榫卯种类繁多、形态各异，这与榫卯的功能、木构件所处位置、构件之间的组合角度、结合方式以及安装的顺序、方法等均有密切关系。斗栱作为榫卯连接方式的集中体现，通过榫卯连接将众多的构件连接在一起；加之各种手绘彩画的装饰，使其形成丰富的视觉形态（图3-1）。

【欧洲传统榫卯】

古代欧洲木构建筑中也存在大量的榫卯连接方式，并形成与中国传统建筑的榫卯有所差异的特征。欧洲木构建筑中的榫卯不会刻意追求节点外观规则严整、丝丝入扣的美学效果，看似只关注连接性能的设计理念，使节点的外观呈现原始和质朴的形式特征（图3-2）。在榫卯构造方面，古代欧洲的榫卯体现出两大特征：一是，不同于中国木构榫卯垂直正交的搭接关系，欧洲发展出一系列斜向相交的榫卯形式（图3-3）；二是，中国的榫卯技术对其他辅助材料具有一定的排斥性，但金属连接件被广泛用于

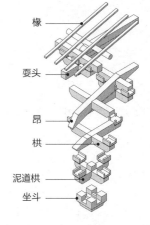

椽
耍头
昂
栱
泥道栱
坐斗

图3-1 斗栱分解示意图

图3-2 欧洲角部榫卯节点模型

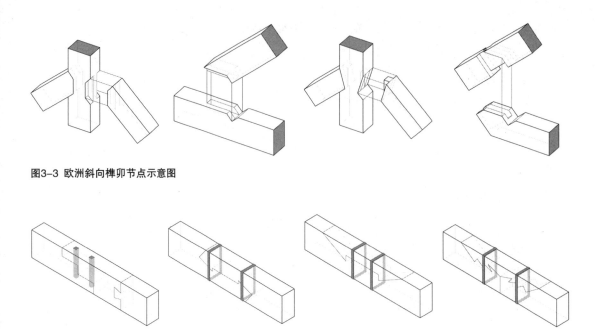

图3-3 欧洲斜向榫卯节点示意图

图3-4《建筑十书》中的榫卯形式

欧洲木构建筑的榫卯辅助搭接中，从而对节点有所加强（图3-4）。

榫卯连接在现代木结构建筑中仍然在应用，尤其是在东方国家更受喜爱；但由于其连接强度相对不大，通常会结合金属连接等措施，对其连接强度起到保障作用；多被用来表达建筑师对于工艺传承和地域文化的追求。

【主要特点】

榫卯连接形式具有一定强度、韧性和变形能力，属半刚半铰的节点。在承受一定强度的荷载时表现为刚接节点；而超过某一临界点时，则发生"屈服"——榫卯挤压变形、松动，形成间隙；此时榫卯间发生扭转活动，又表现出铰接的特征。各部件间具有摩擦、滑移的能力，使得榫卯连接形式的节点具有耗能功效；加之木材本身的韧性较好，因此中国古代木结构建筑具有良好的抗风、抗震能力。榫卯连接由于木材断面的损失，造成节点连接处的力学性能大大下降，一般不适用于复杂或大型的木结构。此外，榫卯连接还具有易于拆装和维修的特点。

从节点外观上来说，榫卯连接外形简洁，无其他材料构件连接；能够体现木构建筑在建造中的统一性，表达出更加完整的建筑空间形态。

【技术要求】

精细化是榫卯的首要技术要求。当前利用数控机床精确加工的构件，能够提高构件之间的连接精度、减少误差，可有效保障榫卯的连接性能。

3.2.1.2　齿连接

　　齿连接是榫卯连接的一种特殊形式。齿连接将一构件的端头做成齿榫，在另一个构件上开凿出齿槽，使齿榫直接抵承在齿槽的承压面上，通过承压面传递作用力。齿连接只能传递压力，无需连接件（节点中的螺栓为提升节点稳定性的保险螺栓）。齿连接分为单齿连接和双齿连接，通常为正齿构造（齿的承压面正对着所抵承的承压构件），构件受力明确（图3-5）。齿连接被广泛用作屋架的平面木桁架或立体木桁架的节点；它既可以是受力较大的端节点，也可以是受力较小的中间节点。[1]

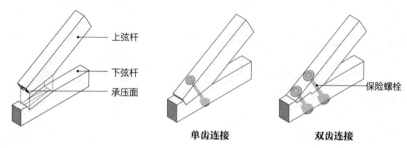

图3-5 单齿和双齿连接

【主要特点】

　　齿连接的优点是：构造简单，传力明确，连接外露，易于检查。缺点是：齿槽削弱了构件截面，导致耗费木材；齿槽承压使木材顺纹抗剪，易发生脆性破坏。

【技术要求】

　　力作用在承压面上，以保证其垂直分力对齿连接受剪面的横向压紧作用，以改善木材的受剪工作条件。无论单齿连接还是双齿连接，二者均需考虑齿面处木材的承压强度，以及齿槽处沿木纹方向的抗剪强度等各方面因素的影响。单齿和双齿连接构造特点及要求详见表3-1。

单齿和双齿连接构造要求[2]　　　　　　　　　　　表 3-1

类型	构造简图	构造要求
单齿连接	（图：承压面、90°、α、h_c、h、附木、易受剪力破坏点、l_v）	·承压面应与所连接的压杆轴线垂直； ·单齿连接压杆轴线应通过承压面的中心； ·木桁架支座节点的齿深不应大于$h/3$，中间节点的齿深不应大于$h/4$；此处h为沿齿深方向的构件截面高度（对于方木或板材为截面的高度，对于原木为削平后的截面高度）

类型	构造简图	构造要求
双齿连接	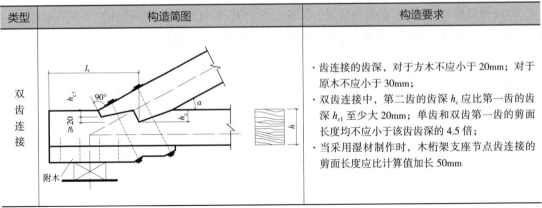	·齿连接的齿深，对于方木不应小于 20mm；对于原木不应小于 30mm； ·双齿连接中，第二齿的齿深 h_c 应比第一齿的齿深 h_{c1} 至少大 20mm；单齿和双齿第一齿的剪面长度均不应小于该齿齿深的 4.5 倍； ·当采用湿材制作时，木桁架支座节点齿连接的剪面长度应比计算值加长 50mm

注：表中 l_v 为截面计算长度；h 为沿齿深方向的构件截面高度。

3.2.2 胶连接与植筋连接

3.2.2.1 胶连接

胶连接就是利用化学胶粘剂将木材构件粘接在一起，并构成类似刚接的节点。粘接虽然可以提供较高的牢固度，然而由于胶连接往往具有极明显的脆性破坏特征，因而未被单独在木构件的节点连接中；需要与其他连接形式，如榫卯、绑扎等配合使用。当前，胶粘剂产品发展迅速，在强度、耐候、耐久和环保性能方面均取得了突破进展，为未来胶连接在木构建筑中更加广泛的应用奠定了坚实的基础。[1]

【主要特点】

胶连接节点具备较高的机械强度，且具有一定的防潮、抗腐蚀等特性。胶连接技术简单、易操作、施工快捷。在外观上，胶连接节点连接痕迹少，甚至可以做到完全隐藏连接形式；因此能够塑造更为完整的木构建筑空间，易于实现设计者更为纯粹的空间设计构想。

【技术要求】

胶粘剂的化学成分必须达到环保要求，其有害物质的释放不能超出国家标准。另外，温度对于胶粘剂的影响较大，在实际施工过程中，应充分考虑建筑所在环境的常年温度和温差，选择不同种类的胶粘剂。木材的含水率对节点的连接强度和胶粘剂的活性程度具有较大影响，含水率的变化直接导致木材的收缩和膨胀，从而影响粘结的牢固度。

3.2.2.2 植筋连接

植筋也称胶入钢筋（glued in rods），是将带肋钢筋用胶粘剂植入木材上预钻的孔中，通过钢筋传递构件间的拉力和剪力。植筋连接有增强木材承压、抗剪的性能。这一连接方式源自瑞典、丹麦等北欧国家，至今已有四十余年历史。植筋可平行或垂直于构件方向，也有为解决节点的剪力传递采取与构件轴线呈30°交角的斜钢筋连接方式。对于同一构件多个植筋的连接节点，由于不及高强自攻螺钉施工简便，现在的应用并不多见（图3-6）。

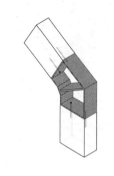

【主要特点】

植筋连接由于钢筋和木材间被胶层填满，又有粘结力，实验表明其连接刚度很大，比同直径销连接的侧向承载力要高；钢筋被拔出表现为明显的脆性破坏特征，加之现场施工的质量检测难度较大等原因，大多数国家尚未将其纳入木结构设计规范。在实际应用中，由于植筋连接方式简洁，不会因在木构件上打孔，而影响其强度；因此，多用于通过金属连接件进行多杆件之间的连接，如通过球形金属节点，连接网架木构件等。[1]

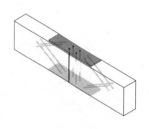

图3-6 植筋连接示意图

【技术要求】

胶连接的技术要求对于植筋连接来说全部适用。此外，植筋连接对注胶工艺有较高的要求；既要保证钢筋居中，胶层均匀，也要保证钢筋的植入深度。一般情况下，植筋深度需超过钢筋直径的平方；钢筋直径不超过25mm；木材孔径宜比钢筋直径大4~6mm，至少大2mm。

3.2.3 销连接与齿板连接

3.2.3.1 销连接

钢销、木销、螺栓、方头螺钉、木螺钉、钉以及非圆截面状木铆钉等细而长的杆状连接件统称为销类连接件。其中，金属类销均由强度更有保障的碳素钢制作。承受的荷载与连接件本身的长度方向垂直，故称抗"剪"连接，而不是抗拉连接。根据外力作用方式以及销穿过被连接构件间拼合缝的数目不同，销连接可分为对称双剪连接、单剪连接、反对称连接三种形式（表3-2）。

常用销连接金属件　　　　表 3-2

基本形式	图示	备注
钢销		隐藏式金属连接
木销		常用销连接形式的一种，抗剪能力较弱
螺栓		连接中的螺栓数量，在满足承载力要求的基础上，还应使螺栓的直径小些、数量多些，通常直径为 12 ~ 25mm

续表

基本形式	图示	备注
方头螺钉		直径为 3.35 ~ 31.75mm,施工时木构件需孔引
木螺钉		木螺钉的形式、规格多样,有的长度可达 2m;依据用途、材料等的不同,其钉头、螺纹等会有所差别
钉栓		钉栓种类较多;钉径越细,强度越高;钉杆呈光圆截面;为防止木构件被钉裂,直径 6.0mm 及以上的钉应预钻孔
非圆截面状木铆钉		木铆钉长度分为 40mm、65mm 以及 90mm 三种,常与钢侧板共同使用

【主要特点】

　　销连接强度大、整体性好,能有效地解决复杂的交接问题;但连接件外露有可能影响视觉美观。适于处理木材、混凝土等复合结构,但要处理好防水、防潮、防火、防腐等问题。表3-3为销连接受力的基本形式。

销连接受力基本形式[1]　　　　　　　　　表 3-3

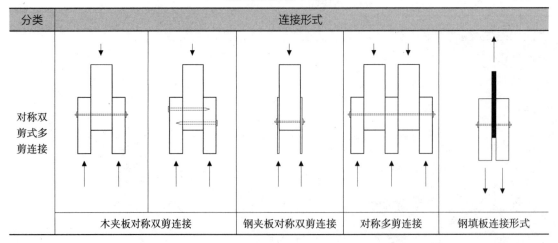

分类	连接形式			
对称双剪式多剪连接	木夹板对称双剪连接	钢夹板对称双剪连接	对称多剪连接	钢填板连接形式

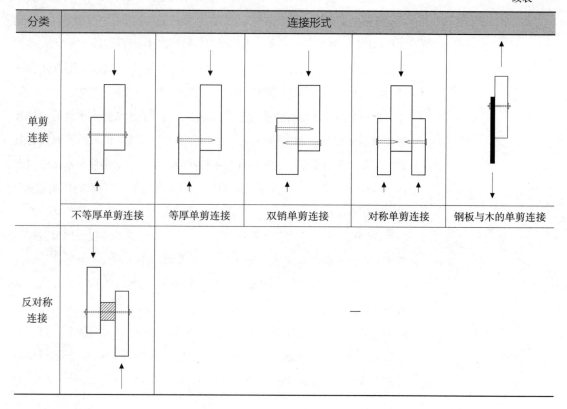

分类	连接形式				
单剪 连接	不等厚单剪连接	等厚单剪连接	双销单剪连接	对称单剪连接	钢板与木的单剪连接
反对称 连接			—		

【技术要求】

　　木构件在连接处不应有天然或加工造成的缺陷。当采用螺栓、销或六角头木螺钉作为紧固件时，其直径不应小于6mm。在设计时亦应注意尽量避免采用销直径过大和木材厚度过小的销连接（表3-4），这种销连接可能导致木材杆件的剪裂和劈裂等脆性破坏。

　　销连接往往需要用多个销排列完成一个节点的连接，如遇这种情况，不宜排成平行作用力方向的一行；并需要符合销轴类紧固件的端距、边距、间距和行距的最小尺寸要求（表3-5、表3-6），以防止销连接处木构件的劈裂、顺纹受剪破坏等隐患。因为很多销连接外露，所以建筑师也应对这些排列规则有所掌握。

　　螺栓在工程中的应用最为广泛，可承担剪力，也可承担轴向力。构件上的螺栓孔径通常比螺杆直径大1mm左右，被连接的外侧应设垫圈（垫板），并用螺帽拧紧。一个连接中的螺栓数量除应满足承载力的要求外，原则上还应使螺栓直径小些、数量多些。相反，若使用直径大、数量少的螺栓连接，则会因节点延性差，而增大失效风险。

　　钉连接施工便捷、造价低廉，是轻型小框架结构的主要连接方式；主要用于尺度较小的木构件，或木构件与金属件的连接，或不传力的构造连接。其抗滑移刚度小，连接节点具有更好的延性；但是在每一个连接节点中，应使用两枚以上同规格的钉子，以增加连接的可靠性。钉可以斜向钉入构件，称为趾钉连接（toe-nailing）。因未提前钻孔，为避免木材劈裂，钉连接组合排列的端、边、中、行距应适当增加，可按销连接要求的1.5~2倍取值。

方头螺钉或木螺钉连接对截面破坏小，当垂直木纹拧入木材后，具有较大的承受轴向荷载的能力。其在木结构连接、增强和加固领域很有前景，主要用于单剪连接、木构件与木构件的连接，或钢构件与木构件的连接。最小边、端、中、行距应按销连接的标准取值；当仅承受轴向荷载时，端距不应小于4d，边距不应小于1.5d，行距和中距不应小于4d。

木铆钉主要用于专门制作钢侧（夹）板与木构件的连接，用很多排列整齐的铆钉将两者对接连接起来。一个连接节点中木铆钉的连接数量可达上百个，因此连接的承载力很高。通常应用于层板胶合木构件的连接，也可用于厚度不小于65mm的方木构件的连接。木铆钉的截面宽度需要与木纹平行钉入，钉入深度不能大于木构件厚度的70%；两侧钉入时，钉尖不能搭叠，顺纹方向应最少错开25mm，横纹方向应错开15mm。排列行距、边距、端距不能依据表3-5取值，另有其自身的标准。[1]

螺栓连接和钉连接中木构件的最小厚度[3]　　　　　　表3-4

连接形式	螺栓连接		钉连接
	$d < 18$mm	$d \geqslant 18$mm	
双剪连接	$c \geqslant 5d$ $a \geqslant 2.5d$	$c \geqslant 5d$ $a \geqslant 4d$	$c \geqslant 8d$ $a \geqslant 4d$
单剪连接	$c \geqslant 7d$ $a \geqslant 2.5d$	$c \geqslant 7d$ $a \geqslant 4d$	$c \geqslant 10d$ $a \geqslant 4d$

注：c——中部构件的厚度或单剪连接中较厚构件的厚度；

　　a——边部构件的厚度或单剪连接中较薄构件的厚度；

　　d——螺栓或钉的直径。

销轴类紧固件的端距、边距、间距和行距的最小尺寸[2]　　　　　　表3-5

距离名称	顺纹荷载作用时		横纹荷载作用时	
最小端距 e_1	受力端	$7d$	受力边	$4d$
	非受力端	$4d$	非受力边	$1.5d$
最小边距 e_2	当 $l/d \leqslant 6$	$1.5d$	$4d$	
	当 $l/d > 6$	取 $1.5d$ 与 $r/2$ 两者的较大值		
最小间距 s	$4d$		$4d$	

续表

距离名称	顺纹荷载作用时	横纹荷载作用时	
最小行距 r	2d	当 $l/d \leqslant 2$	2.5d
		当 $2 < l/d \leqslant 6$	$(5l+10d)/8$
		当 $l/d \geqslant 6$	5d
几何位置示意图			

注：l——紧固件长度；

　　d——紧固件直径。

交错连接栓钉布置[2]　　　　　　　　　　表 3-6

顺纹荷载	当相邻行上的紧固件在顺纹方向的间距不大于 4 倍紧固件的直径（d）时，则可将相邻行的紧固件确认是位于同一截面上	
横纹荷载	当相邻行上的紧固件在横纹方向的间距不小于 4d 时，则紧固件在顺纹方向的间距不受限制；当相邻行上的紧固件在横纹方向的间距小于 4d 时，则紧固件在顺纹方向的间距应符合表 3-5 的规定	

3.2.3.2　齿板连接

齿板连接是特殊的销连接形式，相当于若干金属钉组合在一起，共同起固定作用。齿板通常是用厚度为 1~2mm 的镀锌钢板或不锈钢的带筋板单向冲齿制成，使用时将其成对地压入构件对接缝处构件的两侧（图 3-7）。齿板连接的承载力不大，且不能传递压力。[1]

齿的形状因生产厂家而异。在国外，齿板被广泛用于由规格材制成的轻型木桁架节点连接或木构件的接长与接厚。根据加拿大木结构设计规范，采用齿板连接而成的轻型木桁架跨度可达 30 余米。有时，齿板也用于木构件局部位置的加固，如梁支座处局部横纹承压强度不足时的加固。[1]

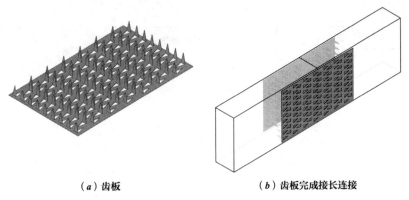

（a）齿板   （b）齿板完成接长连接

图3-7 齿板及其连接构造示意图

【主要特点】

　　为保证齿板连接的强度，在施工时必须将齿板垂直压入木构件，并紧贴木构件表面，以保证齿的压入深度。齿板连接对使用环境的要求比较高，不应用于腐蚀、潮湿环境，易产生冷凝水的部位，以及经阻燃剂处理过的规格材。齿板金属构件尺寸较大、美感较差，在实际设计和应用中，应考虑其金属件外露对结构造型的影响。

【技术要求】

　　齿板连接有三种破坏模式，一是齿屈服或齿从木构件中拔出；二是齿板被拉断；三是齿板被剪坏；这三种破坏模式在实际设计中应予以避免。齿板以成对的形式，对称地设置于构件连接节点的两侧。为保证齿与木材表面垂直，压入齿板的过程需要在工厂完成，采用齿板连接的构件厚度应不小于齿嵌入构件深度的两倍。在与桁架弦杆平行及垂直方向，齿板与弦杆的最小连接尺寸以及在腹杆轴线方向齿板与腹杆的最小连接尺寸均应符合以下规定（表3-7）。

齿板与桁架弦杆、腹杆的最小连接尺寸[2]　　　　　表3-7

规格材截面尺寸（mm×mm）	桁架跨度 L（m）		
	$L \leq 12$	$12 < L \leq 18$	$18 < L \leq 24$
40×65	40	45	—
40×90	40	45	50
40×115	40	45	50
40×140	40	50	60
40×185	50	60	65
40×235	65	70	75
40×285	70	75	85

3.2.4　键连接

键连接是用钢质或木质的块状或环状连接件，嵌入两个木构件内，增大受剪面积，阻止相对滑动。键连接是增加连接点刚度的有效手段，同时可以减少螺栓或螺钉的数量；一般用于对刚度要求相对较高的节点处。按照键的放置情况可分为横键、纵键及斜键。键阻止料木滑移时会产生转动，可能会把两块拼合的料木顶开，因此要配置一定数量的系紧螺栓（图3-8）。键可分为木键或钢键；近年来，由于加工工艺的不断进步，木键逐渐被淘汰。键连接的典型构件，如裂环、剪板等，可将木料进行构件接长、拼合以及不同构件节点的连接。

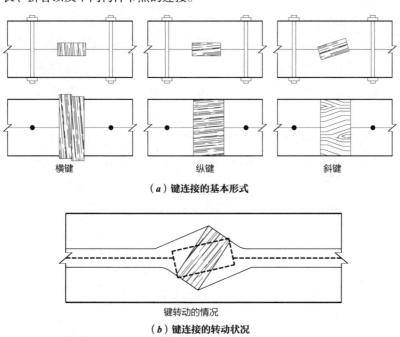

横键　　　　　纵键　　　　　斜键

（a）键连接的基本形式

（b）键连接的转动状况

图3-8　键连接的基本形式及转动情况

键转动的情况

（a）裂环构件模型

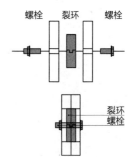

螺栓　　裂环　　螺栓

裂环
螺栓

（b）构造剖面示意图

（c）轴侧分解图

图3-9　裂环及其构造示意图

3.2.4.1　裂环

裂环是由专业工厂用热轧碳素钢生产，为闭合的正圆形；闭合口处有槽齿相嵌，直径为60~200mm。在北美只有两种规格，即直径63.5mm和102mm；环截面高度分别为19mm和25.4mm，适用紧固件的直径是12.7mm和19mm。裂环连接用于木构件之间的抗剪连接；相连的两个木构件表面，用旋刀挖成深度为裂环截面高度一半的环形槽，然后将裂环嵌入两边的环槽中，再用螺栓将两边的构件紧固（图3-9）。[1]

嵌入环形槽的裂环由自身抵抗两构件的相对滑移而传递作用力，紧固件不直接参与作用力的传递。裂环因扩大了木材的承压面，同时连接点对木材受力面积的削弱较小，能充分利用木材的承载能力，因此连接强度较高；但有可能使构件端部木材撕裂，而发生脆性破坏。其承载能力与裂环的直径和强度、木材的承压强度和抗剪强度有关。

【技术要求】

为了防止木构件的湿胀或干缩现象，必须在裂环上留有一道裂口，使钢环可随着木构件的变化而变化，确保节点不会发生脆性破坏。环槽应在工厂用专用旋刀（一般为电动）开挖，从而保证环槽的制作精度以及连接的紧密性。

3.2.4.2 剪板

剪板由热轧碳素钢或锻铁制造，也呈圆盘状，中间有供紧固件穿过的圆孔。剪板的直径在北美也只有两种，分别为66.7mm和102mm；盘高分别为10.7mm和15.75mm，中间圆孔对应直径19mm和22mm的紧固件。剪板连接用成对的钢盘（剪板），分别嵌入连接缝两侧构件的环槽中；通过压紧螺栓，使构件相连（图3-10）。两构件连接处主要靠螺栓抗剪，通过嵌入环槽的剪板作用于木材，扩大了承压面积；其承载能力与螺栓的直径和强度、木材的承压强度和抗剪强度有关。剪板相对于裂环更便于拆装；而且不仅可用于木构件之间的连接，也可用于木构件与钢板之间的连接。

【技术要求】

若安装剪板时，木材含水率尚未达到当地木材的平衡含水率；需定期复拧，直至木材达到平衡含水率。与裂环一样，环槽的加工必须保证工艺的精度。

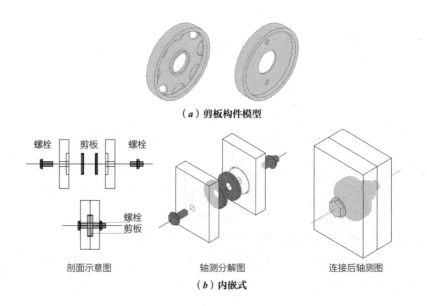

（a）剪板构件模型

剖面示意图　　　　　轴测分解图　　　　　连接后轴测图

图3-10 常用剪板连接形式示意图

（b）内嵌式

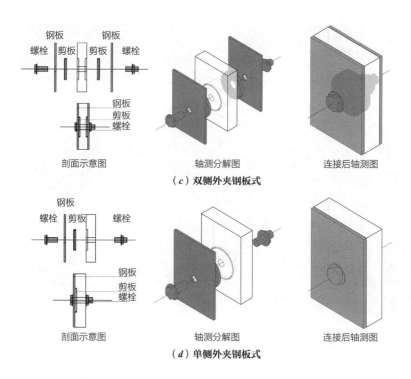

图3-10 常用剪板连接形式
示意图（续）

钢板　　　钢板
螺栓　剪板　剪板　螺栓

钢板
剪板
螺栓

剖面示意图　　　轴测分解图　　　连接后轴测图
（c）双侧外夹钢板式

钢板
螺栓　剪板　螺栓

钢板
剪板
螺栓

剖面示意图　　　轴测分解图　　　连接后轴测图
（d）单侧外夹钢板式

3.2.5　绑扎连接与箍连接

3.2.5.1　绑扎连接

绑扎是一种最原始的连接方式，是用藤条、绳索或金属丝等将木构件绑扎成一个整体的构造做法（图3-11）。此种连接方式在日本被称为绳木，并已结合地域特点，发展出一整套关于绳木建造施工的传统工艺，而得以流传至今。绑扎对木构件不造成任何破坏，更适用于容易劈裂且缺乏握钉能力的竹材连接中，并在竹建筑中有广泛应用；越南河内的竹结构建筑应用，提升了竹木材料在塑造现代建筑空间中的可能性（图3-12）。

绑扎作为原始的木材搭接方式，在人类早期建筑中应用广泛，至今仍被视为一种文化传承，在建造中沿用；但由于此种连接方式在工艺上难以

图3-11 米兰世博会某景观建筑及其绑扎连接节点

图3-12 越南河内竹结构的绑扎建筑

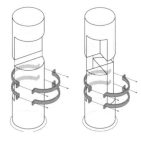

图3-13 常用箍连接节点形式

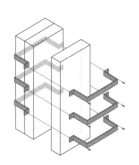

图3-14 矩形截面箍连接节点
形式

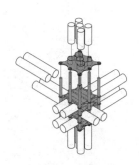

图3-15 新型金属转接件——
箍连接节点形式

保证连接刚度，且缺乏相应的技术规范，所以在现代大型或永久性的木构
建筑中应用极少。

3.2.5.2 箍连接

    箍连接是绑扎连接的一种扩展连接形式，它是采用扁钢条作为捆
绑材料，一般通过螺栓等紧固件进行紧固的连接方式（图3-13）。多
适用于圆形截面，也有矩形截面（图3-14）。箍连接比绑扎连接有更
好的强度保障；因此，在现代木构建筑中有所应用，并衍生出了以
箍连接为原理的，兼具技术合理性和形态艺术性的新型金属转接件
（图3-15）。

3.3 金属转接件

    面对现代木构建筑连接节点的复杂性和高强度要求，基本连接方式并
不能满足所有的木构件之间，或木构件与混凝土基础等其他建筑部分的连
接需要。通常的做法是设计一种特殊的金属连接件，用基本的连接方式将
不同木构件，或混凝土基础等其他建筑部分，分别与其进行连接，从而实
现节点的整体连接。本书将这些起到连接媒介作用的特殊金属件称作金属
转接件，不包括基本连接形式中钉、销、齿板、裂环等基本金属连接件。
金属转接件在现代木构建筑中的应用非常广泛，所使用的金属材料有铸
铁、特种钢、碳素结构钢、低合金高强度结构钢等。

3.3.1　金属转接件类型

金属转接件可大致分为两类：定型产品和定制产品。建筑师不但需要熟悉金属转接件定型产品的规格，也需要了解金属转接件节点的基本原理和常见样式。

3.3.1.1　定型产品

金属转接件的定型产品也可称为金属连接标准件。市场上的定型产品非常丰富，木构建筑中的常规连接节点基本上都可以选用定型产品。对于标准化程度较高、应用较广的木结构体系来说，定型产品更加齐全；如轻型小框架结构体系、日本轴组工法结构体系的所有连接，都有适合的金属连接件定型产品可选（见图4-4、图4-5）。木框架结构的常规连接节点也有很多适合的定型产品。选用定型金属转接件，具有设计便利、降低造价、质量可靠等优势（表3-8）。还有一些定型产品属于专利产品，连接方式极为简便；但对工艺和材料有着严格的要求，需定制生产。比如类似榫卯插接的新型金属转接件等（图3-16）。

部分定型金属转接件产品示意　　　　　　　　　　表 3-8

立面示意图	构件样式	具体应用

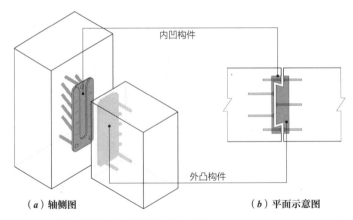

（a）轴侧图   （b）平面示意图

图3-16 榫卯插接的新型金属转接件示意图

3.3.1.2　定制产品

　　选择定制金属转接件的一种情况是遇到复杂的或非常规尺寸的节点连接，没有定型产品可选。比如图3-17是屋架多个梁构件在不同水平面聚集的节点。定制的金属转接件被设计成从下面看上去有"钻石"效果的形式，并主要通过焊接在其上、以不同梁构件连接方向伸出的钢板作为各个梁的内嵌板，通过螺栓完成与梁构件的连接。建筑师试图在连接件的设计中，将技术与形式有机地结合在一起。选择定制产品的另一种情况是建筑师对连接节点个性化表达的追求。如LeGallais House中的梁柱连接节点，因为梁柱构件都是垂直连接，是可以通过多个诸如"L"形等定型产品完成这一节点连接的，但达不到建筑师的设计意图（图3-18）。建筑师利用放大一个方向金属转接件的内嵌板，形成扇形造型的方法，展现了节点设计的形式美。同时，扇面板上安装了灯光，实现了技术、艺术与功能的巧妙结合。定制产品的造价相对较高，但是并非难以接受；因而在现代木构公共建筑中大量应用，且往往成为建筑师木构建筑设计能力的重要体现。

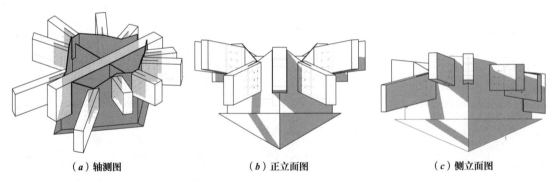

（a）轴测图   （b）正立面图   （c）侧立面图

图3-17 某木构建筑屋顶多梁聚集处的金属转接件连接节点

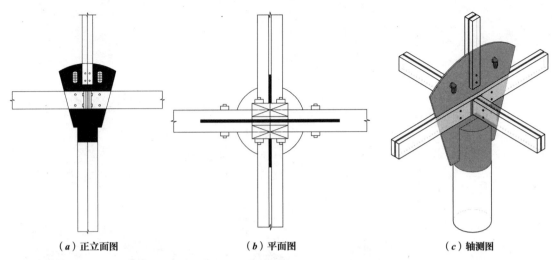

（a）正立面图　　　　　　　　（b）平面图　　　　　　　　（c）轴测图

图3-18 LeGallais House梁柱连接扇形金属转接件连接节点

3.3.2　金属转接件常见节点样式

　　金属转接件与木构件连接的基本连接形式有：金属件形成内插板，再通过钢销、螺栓等与木构件连接；金属件形成半包式的外夹板，再通过螺钉、螺栓等与木构件连接；金属件形成全包式的外夹板，再通过螺钉、螺栓等与木构件连接；金属件直接形成与木构件对应面的平面板，再通过螺钉、螺栓等与木构件连接。其中内嵌板的连接形式，因为金属件被包在木构件里面，相对有利于防火；半包和全包的连接形式可以采用方头螺钉等紧固，能够选择现场完成木构件的螺钉引孔工作，在一定程度上降低了现场安装难度。除上述基本连接形式以外，也有少数金属转接件与木构件采用其他连接形式，如焊接钢筋并通过植筋与木构件进行连接等。

3.3.2.1　柱脚与基础连接节点

　　通过金属转接件将柱脚与基础进行连接，在基础一端常常预埋锚栓或钢板，再通过焊接或螺栓等方法与金属转接件完成连接；在与木柱脚连接的一端，可以灵活地采用金属转接件与木构件的各种基本连接形式。铰接节点常常通过金属连接件自身完成铰接构造。常见柱脚与基础的连接样式详见图3-19。柱脚与基础的连接，金属件应选择防水性能好的材料或做充分的防水面层处理，标高应高出地面，有地面积水隐患的地方应加大金属件的高度。

3.3.2.2　梁与柱连接节点

　　在梁与柱的连接中，梁穿柱、梁夹柱、柱夹梁的连接采用榫卯、销、螺栓、螺钉、裂环和剪板等基本连接方式即可完成。因此，金属转接件主要用于柱顶梁、梁顶柱的交接形式中。这些连接同样可以灵活地采用金属转接件与木构件的各种基本连接形式。常见梁与柱的连接样式如图3-20所示。

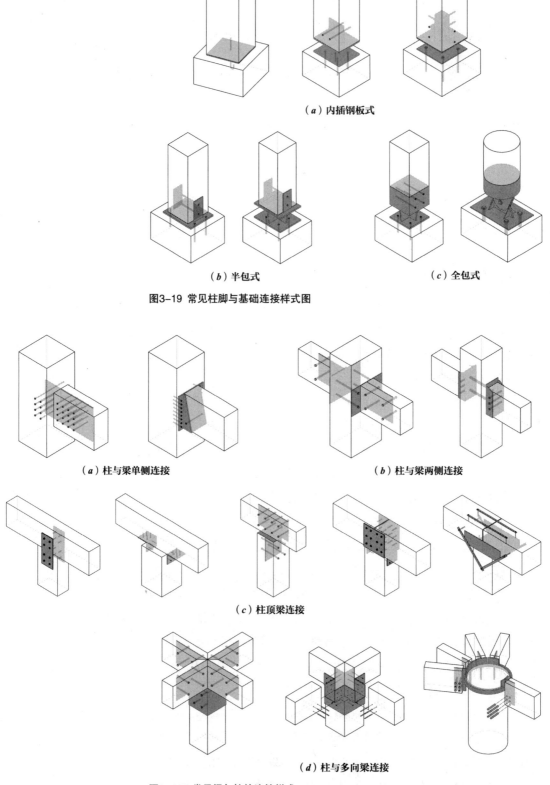

（a）内插钢板式

（b）半包式　　　　　　　　　　（c）全包式

图3-19 常见柱脚与基础连接样式图

（a）柱与梁单侧连接　　　　　　　　　　（b）柱与梁两侧连接

（c）柱顶梁连接

（d）柱与多向梁连接

图3-20 常见梁与柱的连接样式

3.3.2.3　梁与梁连接节点

　　梁与梁连接主要是同方向上的接长，以及不同方向梁之间的连接，包括梁顶梁和梁叠梁两种基本形式。在现代木构建筑中，利用金属转接件进行梁与梁连接的做法越来越普遍。常见梁与梁的连接样式如图3-21所示。

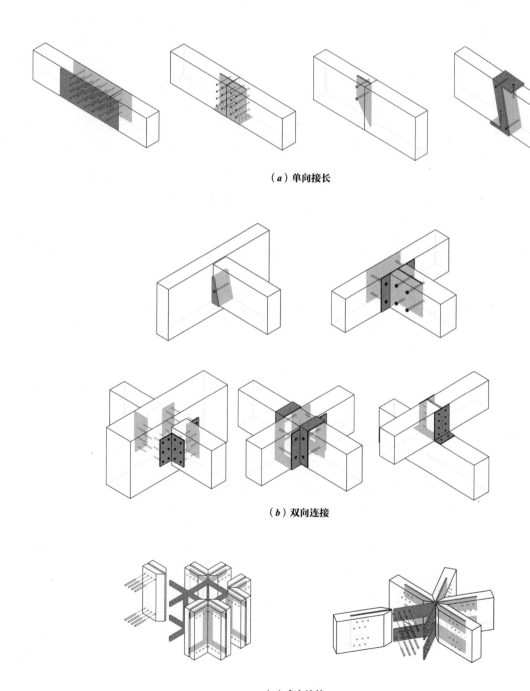

（*a*）单向接长

（*b*）双向连接

（*c*）多向连接

图3-21 常见梁与梁的连接样式

思考题

1. 木构件连接的基本方式有哪几种？

2. 销连接的表现形式及其受力特点是什么？

参考文献

[1]   潘景龙，祝恩淳. 木结构设计原理（第二版）[M]. 北京：中国建筑工业出版社，2019.

[2]   中华人民共和国住房和城乡建设部. GB 50005—2017木结构设计标准 [S]. 北京：中国建筑工业出版社，2017.

[3]   龙卫国. 木结构设计手册[M]. 北京：中国建筑工业出版社，2005.

图片来源

图3-12：https://oss.gooood.cn/uploads/2019/01/000-vinata-bamboo-pavilion-by-vo-trong-nghia-architects.jpg.

图3-18：STUNGO, NAOMI. Wood: new directions in design and architecture[M]. Chronicle Books, 2001.

第 4 章

常见中小型木结构建筑

木结构在低、多层的中小型建筑中应用非常广泛，结构类型多样，各具特色。本章的知识点主要包括：木框架结构、轻型木结构、木质轻型板式组装结构、井干式木结构、实木板式组装结构和木质砌块组装结构的基本特征和典型构造。

4.1 木框架结构

框架结构构件的杆状形式符合木材的本体特征；因此，木框架结构自古便有广泛应用，是木结构体系中最古老、最主要的一种结构类型。随着现代材料及连接节点技术的发展，增加了结构的可靠性，使木框架结构不但可以适用于中小型建筑，而且也可以成为大跨建筑和高层建筑的主要结构类型之一。

4.1.1 概念及特征

采用实木、胶合木、LVL、PSL等木质材料制作梁、柱、檩条的框架结构体系，就是木框架结构体系。与混凝土和钢框架结构一样，该体系是指以梁、柱为主要构件，基于网格和单元的受力体系。其荷载传导方式是将楼面、屋面荷载通过梁传递到柱上，再通过柱传递到基础。[1]其共性特征如下：

【框架与界面分离】

空间的围护界面不承受竖向荷载，因此空间分隔可以根据功能的要求灵活布置；可与结构柱网结合，也可分离。建筑平面较其他木结构体系更为自由，建筑空间可以封闭，也可以开敞。

【建筑类型丰富】

木框架结构体系包含中国传统梁柱结构、日本轴组工法结构、欧洲木筋墙结构、现代木框架结构体系等多种类型。此外，在世界各地还分布着众多具有明显地域特征的民居类木框架建筑；比如我国四川、贵州等地的木构民居建筑。

4.1.2 代表类型

木框架结构建筑拥有众多各具特色的建筑类型，本书主要介绍4种最具影响力的代表类型。

4.1.2.1 中国传统梁柱结构

中国传统木结构建筑以木梁、木柱作为建筑的承重结构主体，从而形成了一套独特的木构架系统。

1. 发展概况

众所周知，中国传统梁柱体系木构建筑历史悠久。早在距今约七千年的河姆渡文化遗址建筑中就已初见端倪。其发展历程经历了从原始社会的"构木为巢"，至汉唐的成熟和宋代的臻于完善，最后到明清两代趋向繁琐和程式化的没落过程（表4-1）。

中国传统梁柱体系发展的主要阶段及其建筑特征[2]　　表4-1

发展阶段	建筑形象	建筑空间	节点构造
唐宋时期	建筑形式端庄稳重	建筑空间多样化，小到亭台楼榭，大到宫殿庙宇；但室内多柱，结构上不能满足大空间的需求	节点构造精准，斗栱的制作已经体现出程式化、标准化、模数化特征
明清时期	建筑形式复杂繁琐	结构没有创新，装饰构件多，建筑空间趋向奢靡	节点构造过度精细化，斗栱已从结构构件沦为装饰构件

2. 类型特征

中国传统梁柱体系木构建筑在形制、材料、工艺、装饰、技法等方面均取得了突出的成就。其类型特征表现如下：

【标志的大屋面形象】

中国传统梁柱建筑的平面规则、形体对称、体量简单，立面形象中屋顶占据最大的比重，是在视觉上占据显著地位的核心构件。形成庑殿、歇山、悬山、硬山、攒尖、卷棚等典型的屋顶形式（图4-1）。

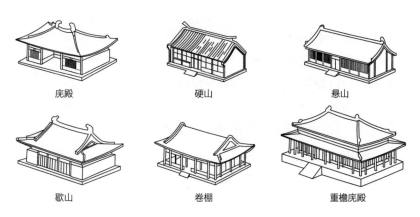

庑殿　　　　　　硬山　　　　　　悬山

歇山　　　　　　卷棚　　　　　　重檐庑殿

图4-1 典型的屋顶形式

【典型的结构形式】

除圆形和多边形塔式建筑外，抬梁式、穿斗式和混合式是中国传统木构建筑的三种主要构架体系（表4-2）。尽管其在空间尺度方面较为受限，屋面结构也非最佳受力形式；但却形成了相对严格的标准，强化了建筑的类型特征。

中国传统木构建筑的构架体系   表4-2

构架体系	结构模型示意	建筑空间示意	空间特点
抬梁式	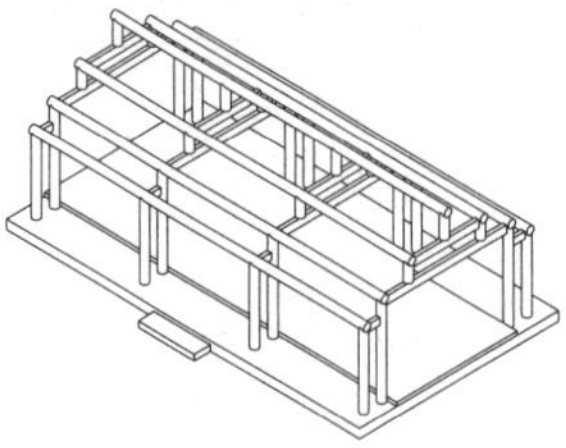	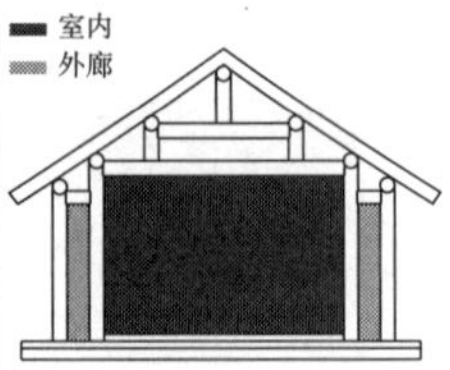 ■室内 ▨外廊	室内无柱或少柱，空间开阔
穿斗式	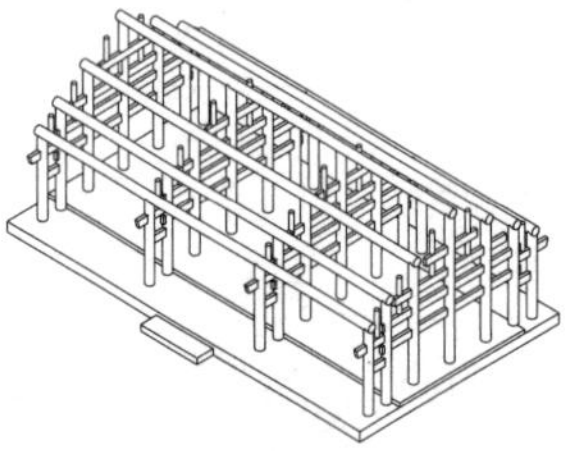	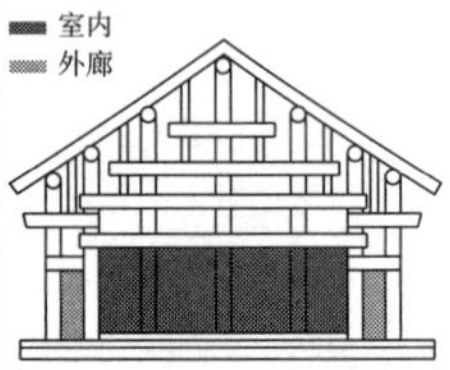 ■室内 ▨外廊	室内多柱，空间比较局促
混合式	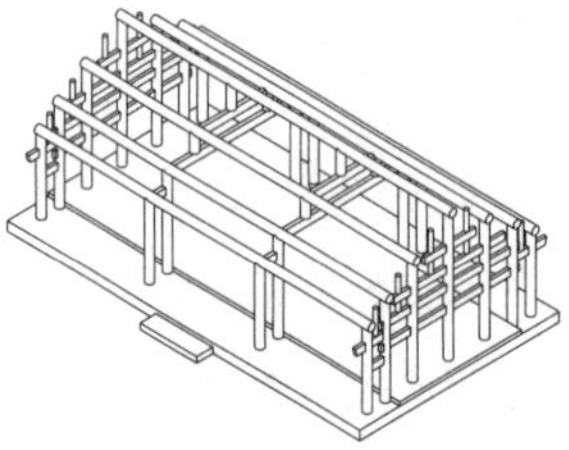	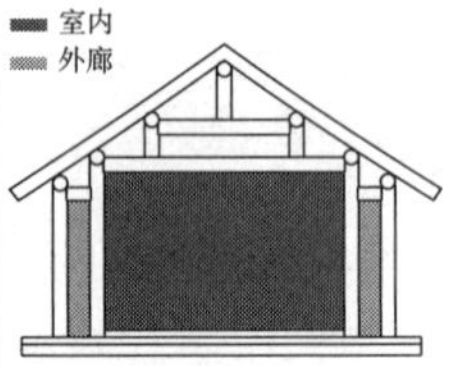 ■室内 ▨外廊	室内无柱或少柱，空间开阔

【纯粹的榫卯节点】

这是中国传统梁柱体系木结构建筑最为显著的技术特征。建筑的所有连接全部采用榫卯形式，极为纯粹。榫卯形制丰富，同时具有严格的技术标准和臻于极致的工艺水平。榫卯结构尽管是一种隐性的连接方式，但是以斗栱为代表的榫卯组合构件成为建筑类型的代表符号。

4.1.2.2 日本轴组工法结构

日本轴组工法结构是日本特有的木结构建筑类型，是一种针对小尺度建筑的标准化木框架建造体系。据统计，日本有90%以上的独栋住宅为木结构建筑，其中的大多数都采用了轴组工法结构（图4-2）。[3]

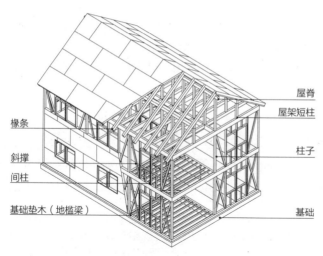

椽条

斜撑

间柱

基础垫木（地槛梁）

屋脊

屋架短柱

柱子

基础

图4-2 日本轴组工法结构示意图

1. 发展概况

　　轴组工法结构起源于日本江户时代（1603~1868年）。为适应当时人口增长所导致的住宅需求量的快速增加，在传统木构住宅的基础上，日本逐步建立了以标准构件和标准尺寸为特征的、可以实现大量建造的轴组工法结构住宅。当时这一结构采用榫卯连接方式。因为3寸（90mm）、3寸5分（105mm）的尺寸在取材上最经济，所以成为当时最常用的梁柱构件断面尺寸，并在此基础上建立了标准化的构件尺寸。20世纪前半叶，随着西方先进结构计算方法以及新材料和新技术的不断引进，这一日本传统木构建筑类型不断得到完善和发展。比如，合理增加了抗侧力构件，提高了抗震性能；胶合木、木基结构板材等工程木的大量应用，提高了房屋的质量；SE构法等金属连接件的应用，加强了结构的强度等。如今，这一木构体系已经十分的成熟完善，呈现出现代木框架的特征；并且因其形体变化灵活、建筑形式不拘一格、适合日本的气候和地域环境，及其完善的标准化体系带来的低造价优势，该结构形式被广泛应用于住宅、公寓等小型建筑中（图4-3）。

**图4-3 日本轴组工法结构
小住宅**

2. 建筑特征

【标准构件】

轴组工法结构是由一套标准构件搭建起来的结构类型。梁柱等杆状构件材料以实木为主，也有胶合木和结构复合材；板材主要为结构用胶合板和OSB板。轴组工法的构件做到了十分集约的尺寸，这也是由日本住宅空间的小尺度特征决定的。梁柱规格主要沿用传统规制，断面尺寸一般为90mm、105mm、120mm等，长度为3m、4m、6m等。梁高以15mm和30mm为模数增加；因一般日本住宅空间的开间多在4m以内，因此梁高为300mm的梁构件被较多使用。其他如间柱等次结构材按15mm倍数的模数确定。板材主要为910mm×1820mm的规格，也有1000mm×2000mm的规格（表4-3、表4-4）。[4]

流通规格材的尺寸标准[4]   表 4-3

区分	规格材类型	杉木		桧木		长（m）	宽（mm）	深（mm）
		天然材	胶合材	天然材	胶合材			
结构材	木地槛梁	○	○	○	○	3、4	105	105
							120	120
	地板托梁	○	○	○	○	3、4	90	90
							105	105
							120	120
	梁、桁	○	○	○	○	3、4	105	105、120、150、180、210、240、270、300、360、390、420、450
							120	120、150、180、210、240、270、300、360、390、420、450
			○		○	5、6	105	105、120、150、180、210、240、270、300、360、390、420、450
							120	120、150、180、210、240、270、300、360、390、420、450
次结构材	木地板搁栅	○				3、4	45	45、60、75、90、105

流通板材的尺寸标准[4]   表 4-4

区分	类型	材料	规格·等级	厚（mm）	宽（mm）×长（mm）
合板	地面板材	木基结构板材	特类2级 F ☆☆☆☆	24	910×1820
					1000×2000
				28	910×1820
					1000×2000
	屋面板材	木基结构板材	特类2级 F ☆☆☆☆	12	910×1820
	墙壁板材	木基结构板材	特类2级 F ☆☆☆☆	9	910×1820、910×2430、910×2730、910×3030
					1000×2000、1000×2430、1000×2730、1000×3030

【标准尺度】

在标准化的进程中, 由于规格为910mm×1820mm的板材大量流通, 导致了平面模数大多以910mm为基数展开设计; 也会因空间需要, 局部采用455mm或303mm为基本模数。如果不按此模数展开设计, 会导致板材浪费和人工增加, 建筑造价显著提升。这类结构的层高大多确定为2700~3000mm, 这是功能、结构和构件尺寸综合优化的结果。同时由于结构强度的限制, 建筑层数一般不超过两层。

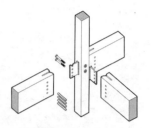

图4-4 传统榫卯结构在日本轴组工法中的应用示意图

【定型节点】

在当前的轴组工法结构中, 结构构件的连接既有采用榫卯的连接方式, 也有采用金属件连接的方式。榫卯的加工基本上都在工厂预制完成, 加之日本探索了性能更佳的榫卯形式, 精度和质量都有了更好的保障。然而, 其结构刚度和稳定性仍然无法达到金属连接方式, 因此金属连接方式在实际工程中的应用越来越广泛。其中, 由日本构造师专门针对轴组工法结构研发的SE构法, 是一种兼具更高连接强度和快速装配特征的钢连接节点方式。[4]组装时只需敲入钢栓, 钢栓外露很少, 在外观上与榫卯连接有异曲同工之妙（图4-4、图4-5）。

图4-5 SE构法在日本轴组工法中的应用示意图

4.1.2.3 欧洲木筋墙结构

欧洲木筋墙结构建筑（timber-framed buildings, half-timber architecture）也被称作半木框架结构; 是由尺寸不大的木构件小间距排布, 用当地易获取材料填充于框架之中形成建筑墙体, 并在建筑外墙面暴露结构框架的木构建筑体系（图4-6）。作为古代欧洲木构建筑类型的典型代表, 在结构技

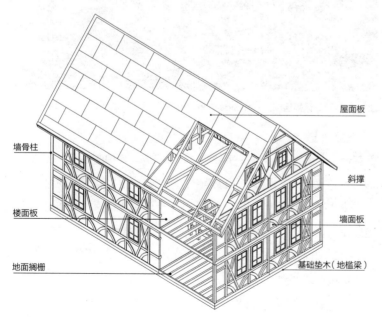

图4-6 木筋墙建筑结构示意图

术与建筑形态方面实现了极高的建筑成就，在建筑历史中享有重要地位。目前可考的木筋墙结构建筑最早诞生于法国，[5]但英国、德国北部、丹麦、荷兰，以及东欧、中欧的许多国家都有此类建筑；只是存在构造方式和细部节点上的差异。

1. 发展概况

欧洲的木筋墙结构建筑历史悠久；随每个国家发展条件与基础的不同，其发展状况也不尽相同，但一般可分为三个时期。现以英国为例，详述发展历程如下。

【萌芽期】

撒克逊时期（公元5世纪中叶），英国人口急剧增加，木材产量难以供应原木建筑所需数量。人们采用更易获得的树枝，编织填充柱间空隙形成墙，从而减少了大块木材的用量。中世纪（约476~1453年），木筋墙建筑使用了弯曲且不规则的木材，且这一时期现存建筑的柱和梁通常较为粗大。图4-7为14世纪晚期在英国赫里福德郡（Herefordshire）建成的Lower Brockhampton住宅。

图4-7 英国赫里福德郡Lower Brockhampton住宅

【成熟期】

都铎王朝和斯图尔特王朝时期（1485~1714年）的英国木筋墙结构建筑形式受到欧洲大陆古典建筑的影响，在装饰、结构、对称的立面和巨大的垂直窗户等处都发生了一些变化。与中世纪相比，这一时期的木筋墙结构建筑使用更规则、更顺直的木材，且结构构件通常更薄、更短。

这一时期逐步形成了三种具有地域特征的木筋墙结构建筑形式：第一种，在英国中部到南部地势较低的区域，木筋墙结构建筑的特征是木框架垂直排列，且间距近一英尺半（约457mm），并在表层做抹灰处理；第二种，在英国中部地区，木筋墙结构建筑框架呈方形排列，尺寸约为五英尺

（1524mm），并通过连接对角线来增加强度；第三种，在英国北部地区，木筋墙结构建筑框架的对角线和精巧的四叶装饰纹样强化了结构框架，使其更为稳定。[6]图4-8为欧洲木筋墙结构建筑的一些成熟期案例。

（a）圣威廉学院，英国约克郡，
1466年左右建成

（b）Pitchford Hall，英国什罗普郡，
1560～1570年建成

（c）Churche宅邸，英国柴郡，
1577年建成，1583年毁于火灾

（d）牧师住宅，英国蒙哥马利郡，
1616年建成

图4-8　欧洲木筋墙结构建筑成熟期案例

【衰败期】

乔治王时代至今（1714年至今），由于木构件造价较高，铁钉和铁连接件逐渐取代了木钉和木连接件。并且由于当时木材的防火性能较差，砖开始得以广泛应用于建筑中。19世纪，英国几乎没有新的木筋墙结构建筑出现。

2. 建筑特征

【节省木材的结构体系】

由于大块天然木材的使用受资源所限，该类建筑使用的木材普遍较细，但结构间距不大；同时，墙体框架之间的填充物也能在某种程度上起到加强结构强度的作用；因此，其结构体系具有较强的可靠性。木筋墙结构建筑的搭建方式为平台式，目前留存的建筑最高可达6层。历经多年，欧洲仍然保留了大量木筋墙建筑，有的已长达六百余年，这足以说明其建造技术的合理性。

【结构与艺术的有机结合】

木筋墙结构建筑将结构技术与艺术有机结合，其结构外露的框架不只起到了支撑作用，还具有很强的装饰效果，使得立面造型丰富且有逻辑性。外露框架在不同时期有一定的变化。初始时期，立面主要以承重框架为主，装饰用途的框架较少；进入发展时期，随着技术逐渐成熟，以及对形式的追求加大，装饰框架开始形成一套系统的纹样形式，如钻石、星星、百合花等形式，极大地丰富了立面效果（图4-9）。

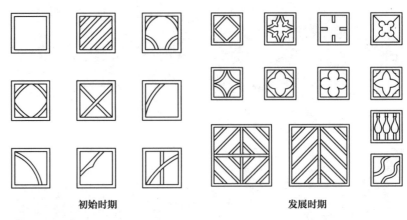

初始时期   发展时期

图4-9 装饰框架纹样

【立面形式丰富多样】

木筋墙结构建筑的立面通常为黑色的木框架并伴有白色的填充墙板。常见的黑白配色在19世纪才成为标准做法，在此之前的立面颜色较为大胆。[8]此外，不同地区存在构造上的差异。比如，英国木筋墙结构建筑在上、下两层间设置出挑构件，既可丰富立面效果，也起到了结构支撑的作用（图4-8）；德国木筋墙结构建筑的外露框架，相比英国通常会更为简洁（图4-10）；法国的此类建筑则更强调建构逻辑（图4-11），通过装饰构件强调整个建筑结构。

图4-10 20世纪德国木筋墙建筑   图4-11 20世纪法国木筋墙建筑

【以榫卯为主的连接方式】

　　木筋墙结构建筑的连接方式主要是榫卯连接，也有搭接和嵌接等方式。人们都知道榫卯是中国传统梁柱结构建筑的主要连接方式，却很少有人想到欧洲古代木构建筑也采用过这种连接方式，但与中国榫卯的做法不同，体现出了西方特征。如在榫卯连接处使用木销固定、榫卯可连接斜向构件，以及可通过榫卯接长尺寸较短构件等。搭接是中世纪早期的连接方式，后期使用较少。嵌接主要作为梁的加长连接，并有多种形式。图4-12为木筋墙结构的典型连接方式。有学者依据木筋墙结构建筑中所采用的连接方式判断建筑的年代，随后经过相关测试证明该方法可行。[9]

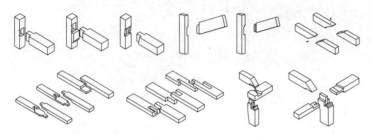

图4-12 木筋墙结构的典型连接方式

4.1.2.4　现代木框架结构体系

　　现代木框架结构体系的发展前身是16世纪至18世纪末的西方传统木筋墙结构体系。进入20世纪后，深受现代主义的影响，木框架结构体系突破传统束缚，逐渐体现出现代建筑的空间特点（图4-13）。区别于传统梁柱结构体系，现代木框架结构体系一般泛指现代时期建造的、具有一定时代特征的木框架结构体系。现代木框架结构的外观与空间特征可从如下案例中窥见一斑（图4-14）。

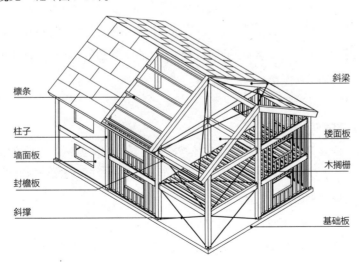

图4-13 现代木框架结构示意图

（a）德国HFU别墅外观　　　　　（b）中国榆林沙地森林公园游客服务中心
建筑外观

（c）苏黎士传媒集团　　　　　　（d）中国榆林沙地森林公园游客服务中心室内空间
Tamedia 办公大楼

图4-14 现代木框架结构建筑示例

1. 技术特征

【新技术应用】

现代木框架结构建筑广泛采用新材料和新技术。主要体现在两个方面：一是科学技术的进步带动建筑材料的迅速革新，如胶合木、平行木片胶合木、正交胶合木等工程木在现代木框架结构中普遍应用；二是节点处广泛采用强度和稳定性更好的新型金属件连接方式。

【工厂化生产】

现代木框架建筑结构构件的种类和数量相对较少，尺寸较小，便于运输和安装。其构件加工适合在工厂完成，保障了构件具有高质量和低成本的显著优势。墙面和楼地面也可以在工厂完成大块的集成部件，现场只需完成少量的组装工作。

2. 空间特征

【柱网布置灵活】

一般来讲，现代木框架结构体系的柱网经济跨度为4~6m。但在实际工程中，其结构柱网排布可以实现灵活的尺度，而且可以不拘泥于矩形网格，使空间更加开敞、灵活。

【界面设置自由】

更紧密的室内外空间关系已成为现代建筑的一个越来越明显的发展趋势。现代木框架结构墙体的材料和位置是不受结构限制的，因此经常通过界面的灵活处理来协调空间关系；比如，利用开放的通透界面、利用界面内移形成灰空间等。楼板的设置也是自由的，可以通过局部楼板的挖空实现更加丰富的空间变化。

【功能类型多样】

基于空间柱网和界面的灵活性，现代木框架结构具有广泛的空间适应性；不仅可以应用于居住建筑，而且可以应用于学校、办公、娱乐、博览、体育、厂房等功能类型的建筑。

3. 形象特征

【有利于技术表现】

由于多数木框架结构构件尺寸较大，可以通过形成炭化层的方式进行防火，从而实现构件外露；有利于表现建筑的材料和结构美感。通过梁、柱等结构构件的形态、交接方式和节点形式的变化，凸显木结构的形态特征。

【有利于形体变化】

通过改变梁柱的排列和变形结构构件等方法，木框架结构可以适应规则的方形体量、不规则的斜线形体量以及曲线体量，从而形成丰富的形体特征。

4.1.3　主要结构构件

基于现代木框架在当前建筑中的广泛应用，本节在后续其他小节中将主要依托现代木框架进行相关阐述。木框架结构建筑以梁、柱和抗侧力构件为主要结构构件。掌握这几种构件的受力特征和应用规律是设计好木框架结构建筑的基础。

4.1.3.1　梁

梁是框架结构体系中主要的受弯构件（图4-15），诸如椽条和檩条等建筑中的横向构件也是受弯构件，与梁的受力特征相同。木材的各向异性等特性决定了只有利用木材的顺纹方向受弯才是合理的；且木材自身的缺陷，如节子、裂纹等，对梁、椽、檩的力学性能的影响较大，选材时需要避免。

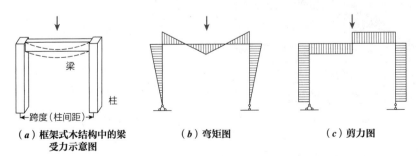

（*a*）框架式木结构中的梁　　　　（*b*）弯矩图　　　　　　　（*c*）剪力图
　　　受力示意图

图4-15 现代框架式木结构建筑中的梁受力特性示意图

【用材种类】

梁有多种表现形式。按照用材种类的不同，可分为天然实木梁、胶合木梁、PSL梁、LVL梁等；其中，PSL梁和LVL梁的强度和稳定性更好。

【截面形式或构件组合方式】

按照截面形式或构件组合方式的不同，可分为实腹梁、板材腹板梁、拼合梁、桁架梁、张弦梁（表4-5）。

按照截面形式或构件组合方式分类的梁的类型   表 4-5

类型	实腹梁	拼合梁	板材腹板梁
图示	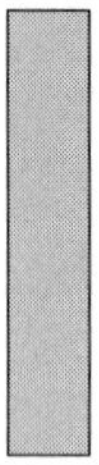	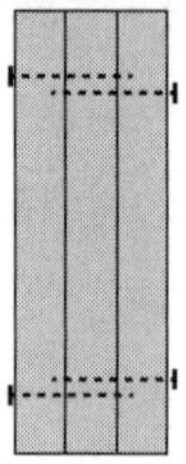	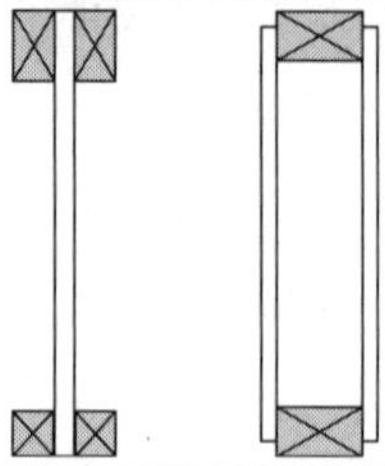
特征	截面是实体的方木、工程木等木质材料的梁；除少数圆木梁，多为矩形截面；可以实现20m以上的跨度	将侧立的3~5块板材或规格材彼此用钉或螺栓连接在一起形成的梁；便于现场制作	一种定型产品，由工程木和天然材组合而成；具有较高的经济性；按照产品的跨度指标选用即可

类型	桁架梁	张弦梁
图示	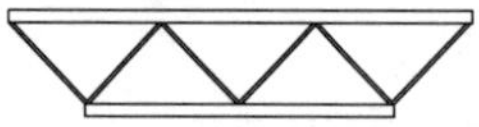	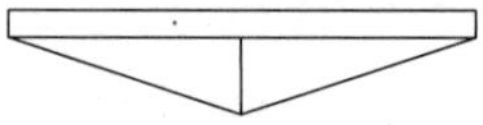
特征	具有多种格构方式，适合跨度大的空间；自重轻、材料省	张弦结构与梁的结合；适合跨度较大的空间，形态轻盈，具有时代感

【立面形式】

按照立面形式的不同，可分为直梁、弧形梁、变截面梁。与其他材料不同，这三种梁在工厂中的加工并没有较大的难度差异；所以弧形梁、变截面梁在实践中的应用比较广泛（表4-6）。

按照立面形式分类的梁的类型   表 4-6

类型		图示	特征
直梁			最基本的梁截面形式
弧形梁	等截面弧形梁		承载能力更强
变截面梁	单坡梁	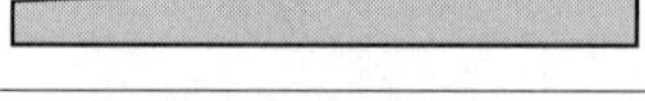	结构合理的变截面梁应与弯矩的强度变化相符合，也有从结构形态考虑的变截面梁
	双坡拱梁	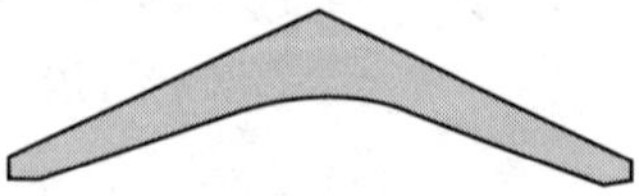	
	双坡梁		

【高跨比特征】

　　木材材质和级别的差异导致其力学性能上的较大差异。在设计中，梁的高跨比很难准确估计，需要与结构工程师共同确定。一般情况下，方木等截面直梁的高跨比为1/17～1/11；胶合木受力性能相对更好，其等截面直梁的高跨比一般为1/20～1/15。为预防结构失稳，梁的控制截面高宽比不宜超过5：1，搁栅、椽条可放宽至8：1；这与梁的跨度、材料、宽度值有关。[10]

4.1.3.2　柱

　　柱是框架结构体系中主要的轴心或偏心受压构件，是木材最佳的受力选择。其自身的缺陷（节子、裂纹等）对柱子的力学性能影响不大，因此柱子的选材不如梁严格（图4-16）。

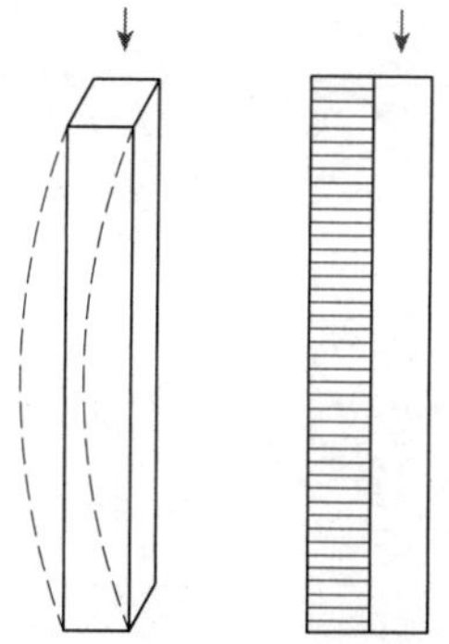

(a) 柱偏心受力示意图　(b) 柱偏心受力弯矩图

图4-16　现代框架式木结构建筑中的柱受力特性示意图

【表现形式】

　　柱有多种表现形式。按照材料的不同，可分为天然实木柱、胶合木柱、PSL柱、LVL柱。同样，PSL柱和LVL柱的强度和稳定性更好；通常适用于受力较大或稳定性要求较高的设计中。

【组合方式】

　　按照组合方式的不同，可分为实腹柱、空腹柱、拼合柱和分支柱（表4-7）。

按照组合方式分类的柱子类型　　　　　　　　　　表4-7

类型	实腹柱	空腹柱	拼合柱	分支柱	
图示	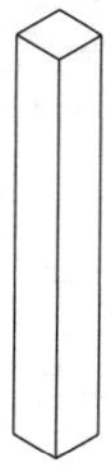	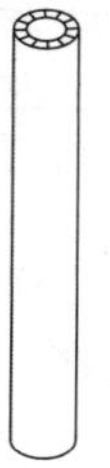		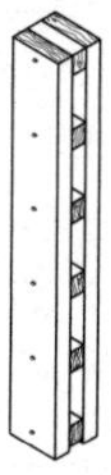	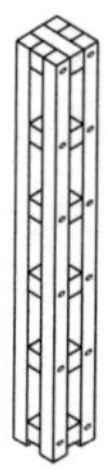
特征	最基本的柱子截面形式	少数胶合木圆柱采用空腹柱	由数根截面尺寸较小的木材，经钉合或环箍而成的大截面柱；经济性好，便于现场组装	由两块木板对夹，或多根小尺寸柱子间隔排列，在顶部和中部设若干填块，通过螺栓等连接方式形成整体的柱；节省木材，形态丰富，但工艺相对复杂	

【立面形态】

　　按照立面形态的不同，可分为垂直柱、斜撑柱、格构柱、支状柱（表4-8）。由于木材的强度和刚度相较钢材和混凝土弱，所以斜撑柱、组合柱和支状柱在木结构建筑中的应用并不少见，且形式变化多样，这也是木结构建筑的重要特征之一。

按照立面形态分类的柱子类型   表4-8

类型	垂直柱	斜撑柱	格构柱	支状柱
图示				
特征	柱子与水平面垂直,是最常见的形式	柱子与水平面不垂直,结构计算复杂;在特定情况下可以抵抗部分水平荷载	将实体柱子进行格构化处理;一般用于大尺度的柱子,节省材料、形态丰富	柱子从根部或上部呈现分叉的树枝状组合形式;可以增加柱间的跨度,同时具有较为鲜明的形态特征

【长细比】

在设计中,为保障结构的整体稳定性,柱的长细比需要在合理的取值范围内。表4-9是受压构件的长细比限值。但是在实际应用中很难接近限值,甚至相差很多。因为影响长细比的因素较多,其中荷载的大小及其持续时间和防止失稳的构造措施都是主要因素。当柱间距加大,分配到每根柱子上的荷载就相应增大,长细比就应更小。

受压构件长细比限值[1]   表4-9

项次	构件类别	长细比限值【λ】
1	结构的主要构件(包括桁架的弦杆、支座处的竖杆或斜杆、承重柱等)	≤ 120
2	一般构件	≤ 150
3	支撑	≤ 200

4.1.3.3 抗侧力构件

抗侧力构件是指体系中的斜撑等轴向受拉、压构件,用以抵抗横向荷载,以防止框架变形。因为木框架结构中梁、柱的连接点刚性较弱,导致其抵抗横向荷载的能力较差,所以抗侧力构件是框架结构中不可缺少的结构构件。

框架结构体系中有对角斜撑、"人"字斜撑、角隅斜撑和剪力墙4种常用的抗侧力构件(表4-10)。在结构体系中需要合理布置抗侧力构件,一要保障不同水平方向都有抗侧力构件;二要保障其在结构和空间中的设置位置是合理的;这需要建筑师和结构工程师紧密配合、协调工作。

常用的抗侧力构件　　　　　　　　　　表 4-10

抗侧力构件	抗侧力构件图示及节点特征	抗侧力构件	抗侧力构件图示及节点特征
对角斜撑	指在相邻的两根结构柱的对角线方向所设置的斜向构件；此种斜撑形式的抗侧刚度大，但是支撑构件过长易发生弯曲，且支撑构件相交处不易处理；一般宜采用钢拉索替代木材构件	"人"字斜撑	指在柱间系梁的中心与柱脚处所设置的斜向构件；此种斜撑形式的抗侧刚度也很大，并且有效地减小了支撑构件的长度，支撑连接也较易处理
角隅斜撑	指在柱与梁、檩交会的临近部位所设置的、防止因水平力作用而使框架产生变形的斜向构件；主要用于因柱间跨度较大而无法设置对角斜撑或"人"字斜撑的情况	剪力墙	指以墙体的形式设置的、防止因水平力作用而使框架产生变形的抗侧力构件；木质剪力墙一般采用整块 CLT 材料制作，或木龙骨外覆木基结构板材的构造方式；考虑到建筑物整体的安全性和稳定性，剪力墙需均衡配置；剪力墙尽可能地设在上下层相同的位置；且在平面中形成轴对称关系

4.1.4　典型构造

中小型木结构建筑的重要构造节点有：木结构部分与基础的连接，梁与柱的连接，墙体，楼、地面，屋盖等。

4.1.4.1　木结构部分与基础的连接

木框架结构的基础类型可根据地基的地质情况进行自由选择。常见的类型有条形基础、阀片基础、独立基础等；对于一些小型建筑或临时建筑，还常采用螺旋地桩基础（图4-17）。其中，条形基础和独立基础适合设在承载力良好的地基上，阀片基础主要适用于相对软弱的地基。对于所有的木结构建筑来说，设计中都应确保木结构部分高于室外地面，高出部分一般在300mm以上。如果木质构件在室外地面标高以下，会带来木材被腐蚀的巨大隐患。木结构部分与基础的连接应根据设计需要确定连接部位，柱子、地面和墙体都可能与基础直接相连。

 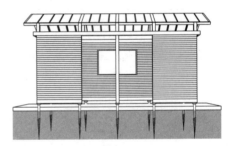

（*a*）螺旋地桩基础安装示意图   （*b*）采用螺旋地桩基础的小型建筑

图4-17 螺旋地桩基础

【柱子与基础连接】

柱子是需要与基础连接，以完成荷载传递的；通常通过金属连接件连接，节点类型参见第3章。除了力学方面的考量之外，外露的柱子还需避免柱脚受潮或浸水；主要方法是在连接件的设计中确保木制柱子高于地面，且不能在节点处形成与木材贴近的存水缝隙或空腔。

【地面与基础连接】

木框架结构系统的地面可以根据具体情况，选择混凝土地面或木构地面。木构地面一般只适用于居住建筑等易于维护和保养的小型建筑，或有地下室的建筑。若选择木构地面，与混凝土或砖石基础部分的连接就成为需要注意的问题。常规做法是将地面搁栅侧面固定在基础地梁上，并在基础地梁与木构件之间加设一层防水构造（图4-18）。

【墙面与基础连接】

当木质墙体需要与混凝土或砖石基础进行连接时，需通过过渡木构件完成，即用防腐木制作的基础垫木（地槛梁）作为连接构件。其与基础的连接方式是：首先，在木质墙体与基础之间加设防潮层，通过锚栓将其固定在基础上；其次，将木质墙体构件通过简单的连接方式，与基础垫木（地槛梁）连接在一起（图4-19）。

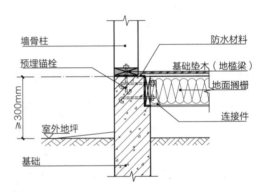

图4-18 地面与基础的连接

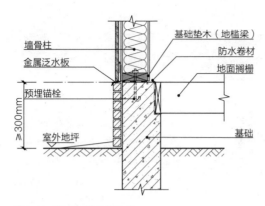

图4-19 墙面与基础的连接

4.1.4.2　梁与柱的连接

　　木框架结构中结构构件的连接主要包括梁与柱的连接和梁与梁的连接两种类型。

【梁与柱的交接方式】

　　梁与柱的基本交接方式主要有：柱顶梁、梁顶柱、梁穿柱、梁夹柱和柱夹梁5种（表4-11）。各种交接方式根据条件限制和设计意图，可以选择榫卯、螺栓、螺钉、箍连接和金属转接件连接等方式；其中金属转接件连接的强度更有保障，应用范围也更广。

梁与柱的基本交接方式[11]　　　　　　表 4-11

交接方式	图示			特征
	轴测图	剖面图	立面图	
柱顶梁				是相对简单和基本的交接方式，竖向支撑力能充分发挥；连接方式可以采用榫卯连接、金属转接件连接等
梁顶柱				是两个方向，或多个方向梁在同一水平面与一根柱子交接的主要方式；为保障强度，常用金属转接件的连接方式
梁穿柱				在截面尺寸较大的柱子上打孔，梁通过穿孔与柱子交接；这种交接方式的结构整体性好，梁的抗失稳能力强

交接方式	图示			特征
	轴测图	剖面图	立面图	
梁夹柱	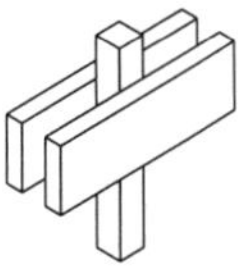	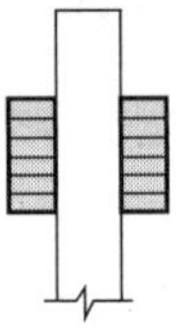	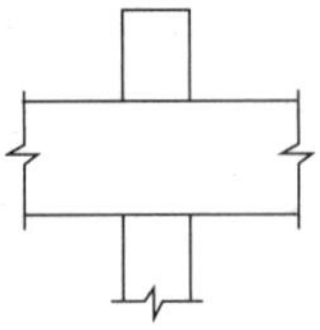	是采用水平双梁夹连一根柱子的形式；梁相对不易失稳，因此每根梁的截面高宽比可适当增加；框架的结构形态信息更加丰富，结构体系构成感加强，连接方式也更便捷；常用螺栓、螺钉、裂环等栓连接方式
柱夹梁	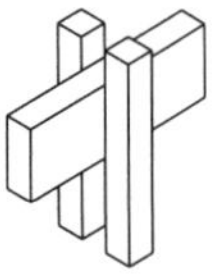	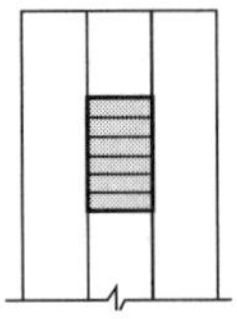	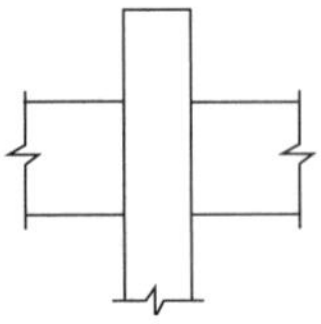	是采用双柱夹连一根梁的形式；柱子可以是两根单柱，也可以在中间和底部通过设置填充物形成分支柱；与梁夹柱的交接方式相似，框架的结构形态信息更丰富，结构体系构成感加强，连接方式也更便捷；常用螺栓、螺钉、裂环等栓连接方式

【梁与梁的交接方式】

梁与梁的基本交接方式主要有梁顶梁和梁叠梁两种（表4-12），这里不包括单根梁的延长连接方式。

梁与梁的基本交接方式[11]   表4-12

交接方式	图示	特征
梁顶梁	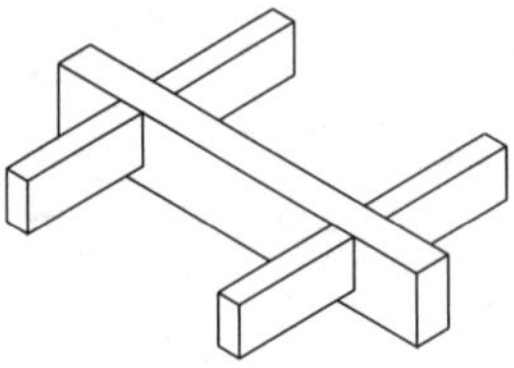	不同方向的梁在同一水平面交接；是最普遍的交接方式，一般是次梁顶交在主梁上；常用金属转接件连接的方式（参见第3章），也可采用榫卯插接
梁叠梁	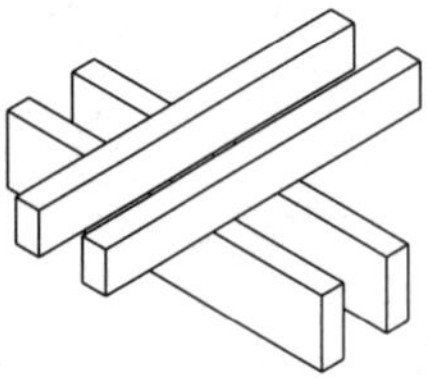	一个方向的梁直接架在另一个方向梁的上方；连接构造相对简单，主要需要防止错位和失稳，但增大了梁的结构层高度；在形象上木结构的建构特征明显

【框架的组合形态】

不同交接形式的梁与柱的组合可以形成多种框架结构形态（图4-20），使木框架结构相对于钢框架和混凝土框架具有更强的表现力。建筑师在设计中应善于利用木框架的这一优势。

(a) 柱顶梁与梁顶梁交接　　(b) 梁穿柱或梁顶柱与梁顶梁交　　(c) 梁夹柱与梁顶梁交接
方式组合　　　　　　　　　接方式组合　　　　　　　　　方式组合

(d) 柱夹梁与梁顶梁交接　　(e) 柱顶梁与梁叠梁交接方式　　(f) 梁穿柱或梁顶柱与梁叠梁
方式组合　　　　　　　　　组合　　　　　　　　　　　　交接方式组合

(g) 柱夹梁与梁叠梁交接　　(h) 梁夹柱与梁叠梁交接
方式组合　　　　　　　　　方式组合

图4-20　框架的组合形态

4.1.4.3　墙体

　　木框架结构中的墙体不起主要结构作用；理论上可以选择各种类型的填充墙体，如砌体墙、玻璃隔断，以及各种新型材料的整体装配式墙等。一般情况下基于建筑的整体性考虑，木框架结构的墙体普遍选择木质结构墙体。木质结构墙体的主要类型有木龙骨墙体、实心木质板状墙体、预制单元产品拼装墙体三种（表4-13）。这三种木质结构墙体的特点各不相同，其中以木龙骨墙体最为普遍；在实心木质板状墙体中，CLT板状墙体在当前最为常见；预制单元产品拼装墙体在欧洲的应用相对较多，因其经济性和快速建造的优势，体现出巨大的发展潜力。根据具体的设计要求，墙体可以直接固定在框架结构上，也可以只与楼、地面相连。

木质墙体的主要类型及特点 表 4-13

主要类型	木龙骨墙体	实心木质板状墙体	预制单元产品拼装墙体
图示	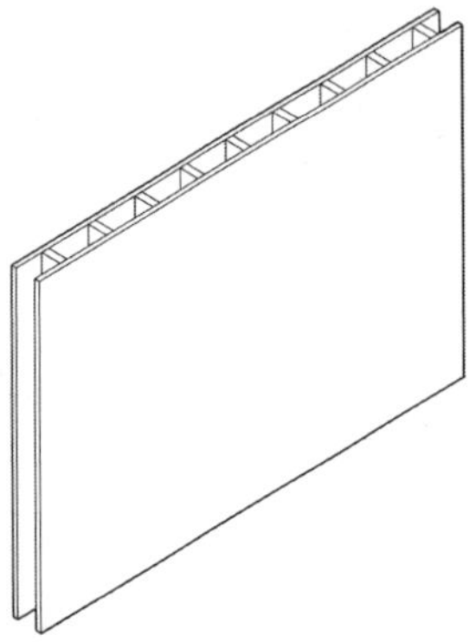	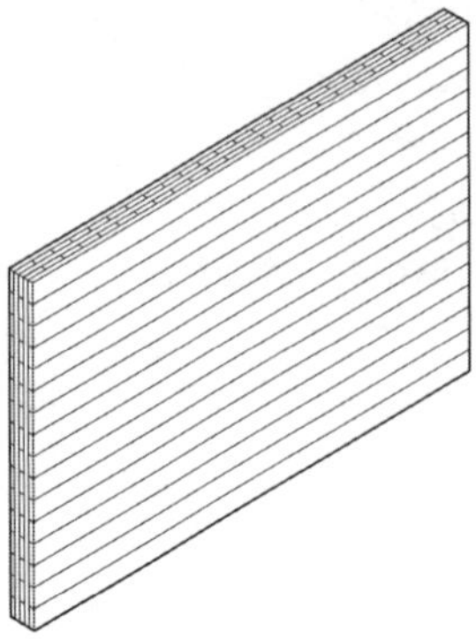	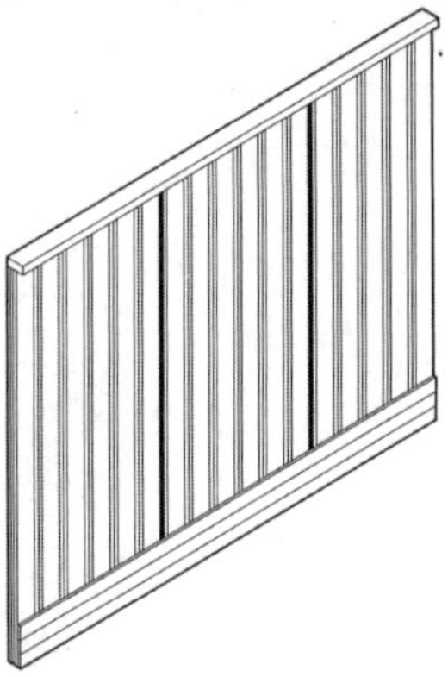
特点	是利用规格材作为墙体龙骨搭建骨架，一面或两面覆盖木基结构板材的墙体；自重轻、经济性好，既适合现场建造，也适合工厂加工成整体单元后再运至现场组装；龙骨层可填充保温材料，也可走管线	可以是用钢钉或木钉，拼合或胶合规格材而成的板状墙体，也可以是直接用CLT板材形成的墙体；这类墙体多在工厂完成生产和加工，现场只需做简单组装；墙体用木量大，整体结构性、隔声性能均较好；适合作为剪力墙	是一种依托专门的木质墙体构件产品的墙体做法；有块状（比如用STEKO木质墙砖搭建的墙体，详见第4.6.2节），也有板状（上图）；在经济性和质量保障方面会形成越来越明显的优势

4.1.4.4 楼、地面

木框架结构建筑的楼面和地面构造做法基本相同，主要有两种类型。一种是木搁栅结构楼、地面；另一种是实心木质结构楼、地面，即直接用具有相应结构厚度的胶合木或CLT等制作。两种木质楼、地面的特点各不相同（表4-14）。对于隔声要求较高的建筑，两种木质楼、地面的面层上可以设置一层混凝土，来降低楼面的传递声和振动声。楼、地面的表面可以选择各种面层材料，如地板、地砖等，只需做好结合层的构造设计。

木质楼、地面的主要类型及特点 表 4-14

类型	图示
木搁栅结构楼、地面	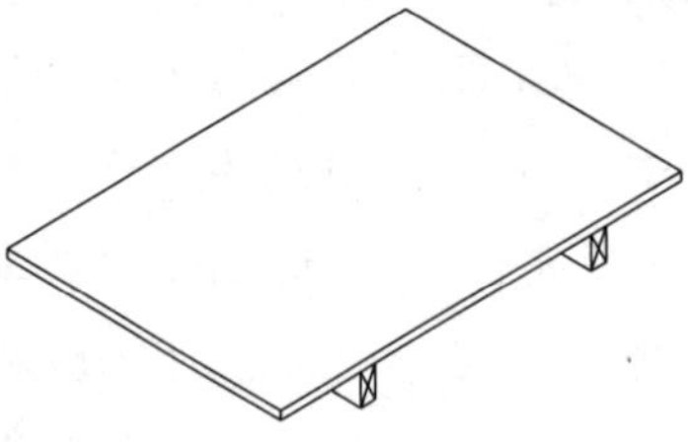 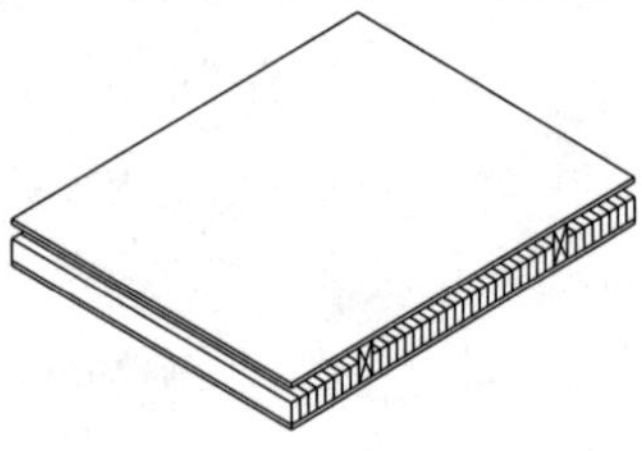
特点	利用规格材作为地面搁栅材料搭建骨架，上面或上、下两面覆盖木基结构板材；自重轻、经济性好，刚度较差；既适合现场建造，也适合工厂加工成整体单元再现场组装；隔声性能也较差，因此搁栅层空腔常填充隔声材料，并应采取振动声隔声措施

续表

类型	图示
实心木质结构楼、地面	
特点	可以是用钢钉或木钉，拼合或胶合规格材而成的板状楼、地面，也可以是直接用 CLT 板材形成的楼、地面；施工快、结构性能好，隔声性能优于木搁栅结构楼、地面；木材耗费量较大

4.1.4.5 屋盖

木框架结构建筑的平屋面与楼、地面相似；在完成屋盖结构的搭建后，同样可以采用木搁栅结构和实心木质结构两种类型的屋面形式。在此基础上需要附加完成防水、保温、防护等构造措施；尤其是防水构造，要确保屋面不会渗漏，以防造成木结构的腐蚀。防水层一般采用多层柔性防水，也有采用金属板防水层的构造方式。

木框架结构建筑坡屋盖的结构层可以采用斜梁，也可以采用多种屋架结构，需要根据建筑的具体情况进行灵活的设计和选择。对于中、小跨距的建筑物，屋架可选择的定型做法有抬梁式屋架、三角桁架屋架等（表4-15）。抬梁式屋架的荷载由屋架梁承担，适用于小跨距的建筑物；桁架有很多定型产品，设计中选用即可，但是在结构形式上并不新颖，因此结构的形态表现力不强，多被吊顶封在闷顶空间中。当结构层外露时，屋架结构宜进行形态的优化和个性化设计。屋面构造做法与楼、地面相似，分为木搁栅屋面和实心木质屋面两种类型。坡屋面也需要设置防水、保温及防护等构造，但由于坡屋面的排水更加迅速，因此在防水方面比平屋面具有更大的优势。

坡屋盖屋架结构的主要类型及特点　　　　表 4-15

类型	斜梁	抬梁式屋架	三角桁架屋架
图示			

类型	斜梁	抬梁式屋架	三角桁架屋架
特点	一般用于单坡屋盖；应用于双坡屋盖时，屋脊下面要设置承托斜梁的屋脊梁；坡屋面内空间可以得到充分利用	是延续东方传统木结构特征的一种屋架形式，在日本轴组工法木框架体系中被广泛应用；跨度受限，坡屋盖内的空间利用受到影响	是应用最普遍的坡屋盖屋架结构；经济性较好，结构强度高，适应的跨度范围大；坡屋面内空间利用受到影响

4.2　轻型木结构

轻型木结构的产生一方面是由于当时的机械化导致了工业化木产品的出现，另一方面是由于蒸汽动力技术促进了钉子的大量生产。这一结构体系一经产生，就由于建造简便、造价低廉等突出优势，而得以迅速发展。在北美地区，80%以上的住宅均使用轻型木结构形式。[4]如今该结构形式已经成为全世界范围内建造单体和联体木结构住宅的最主要结构形式（图4-21、图4-22）。

图4-21 北美轻型小住宅

（a）建筑外观　　　　　　　　　　　　　　　　（b）建造过程

图4-22 加拿大UBC校区内多层公寓楼

　　轻型木结构是一种主要由规格材和木基结构板材用钉子钉合而成的、高度标准化的木结构体系。这一结构类型是在1833年于芝加哥被发明，并在当时被称为"芝加哥房屋"（Chicago construction），此后也有2乘4工法等称谓。轻型木结构有两种基本类型，即连续式木框架（balloon framing）和平台式木框架（platform framing）。由于后者的构造更简单，且不需要长的木材做龙骨；因此，如今的轻型木结构基本都采用平台式木框架（图4-23）。

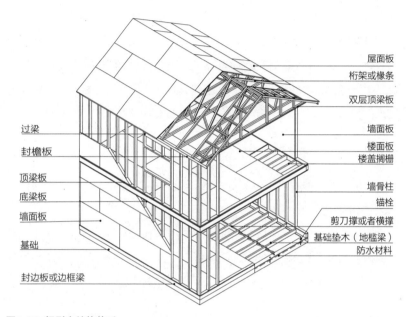

图4-23 轻型木结构体系

4.2.1　建筑特征

【结构性能良好】

　　轻型木结构体系可以看作是剪力墙结构或箱型结构，具有非常好的整体性。同时，其建筑自重轻，又是高次超静定结构；因此，在合理的规模范围内，具有良好的抗震等结构性能。

【标准化体系完善】

　　这是这一结构体系最为核心的特征。结构用材主要选取市场上供应充足的规格材等建材；空间与构件布置尺寸遵照严格的模数体系；构造按照成熟的标准做法。在北美，对于一般性的房屋，只需按照标准选择相应的构件和做法，无需结构计算；这大大降低了设计和建造的难度。

【建造工艺简单】

　　轻型木结构体系多为现场建造，一方面原因是构件尺度小，运输成本低;另一方面原因是现场建造工艺简单。整个建筑主要依靠钉子和螺钉完成构件组装,建造不依赖大型工具,无需复杂技术,很快就可以完成搭建。

【建筑规模受限】

根据我国现行规范规定,轻型木结构主要适用于三层及三层以下的民用建筑,建筑物每层的防火分区面积不超过600㎡,层高不超过3.6m。2017年10月实施的《多高层木结构建筑技术标准》GB/T 51226-2017中规定可以建到6层;尽管在我国还没有实践,但是在北美已建成多栋6层的轻型木结构住宅。目前,这一结构体系仍有向更大规模发展的潜力。

【材质表达受限】

由于防火的原因,轻型木结构的墙体和屋面都需要用防火石膏板覆盖,木质材料无法外露。因此,在空间和外部形态方面,材料和结构表现的机会受到限制,很多建筑无法从视觉上判断其是否为木结构建筑。

4.2.2 主要结构材料

轻型木结构的材料主要包括三种:规格材、木基结构板材和金属件。

【规格材】

规格材主要用作轻型木结构的墙骨柱、搁栅和椽条等构件。对于规格材的截面尺寸,我国和北美的标准略有不同(表4-16)。轻型木结构设计的主要工作之一就是按照适合工程需要的规格材进行设计。

规格材常用规格及其用途 [12]

表 4-16

规格材名称	国产规格材截面尺寸 宽(mm)× 高(mm)	北美规格材截面尺寸 宽(mm)× 高(mm)	常见用途
2 × 2	40 × 40	38 × 38	木底撑、支撑杆、桁架腹板、轻骨架构件如管道系统、橱柜等
2 × 3	40 × 65	38 × 64	
2 × 4	40 × 90	38 × 89	墙骨柱、顶/底梁板、地梁板、搁栅支撑
2 × 6	40 × 140	38 × 140	
2 × 8	40 × 185	38 × 184	搁栅、椽条、过梁、组合梁、楼梯梁和踏步
2 × 10	40 × 235	38 × 235	
2 × 12	40 × 285	38 × 286	

【木基结构板材】

木基结构板材主要用于墙体和楼、地面的覆面材料。OSB板和结构胶合板都是常用的材料,这类板材的规格是1220mm×2440mm。木基结构板材作为覆面被钉合到墙体龙骨骨架上时,会与墙体骨架共同发挥结构作用,形成一种剪力墙结构。对于轻型木结构中无需承担剪力墙作用的隔墙，覆面可以直接铺设石膏板或其他非结构板材。

【金属件】

轻型木结构的金属件主要是钉子；还有一些用于连接和固定的定型金属件产品，如所需的梁托、檩条托等金属连接件等。设计和建造时，根据需要在产品目录中选用即可。

4.2.3　典型构造

尽管构造原理并没有很大的特殊之处，但是轻型木结构的构造做法却自成一体，有明确的标准可依。

4.2.3.1　基础与木结构部分的连接

与其他木构建筑一样，轻型木结构同样需要确保木构部分高出室外地面，一般要求在300mm以上。很多轻型木结构建筑都设置了砖混结构的地下室或半地下室。

【基础类型】

由于轻型木结构类似剪力墙结构，因此基础选型一般根据具体的地质条件，选择条形基础或阀片基础；其中阀片基础一般用于地基条件不是很好的情况。

【基础与墙面或地面的连接】

轻型木结构的基础地梁（墙）上可以直接支撑墙面，也可以先支撑木构地面，再将墙面连接在地面上。同样需要用经过防腐处理的基础垫木作为过渡构件。与木框架结构基础垫木的连接做法相同，基础垫木与基础地梁（墙）的连接同样通过预埋锚栓固定，之间设置防水卷材，隔绝水汽。

4.2.3.2　墙体

【墙体架构】

轻型木结构墙体是标准化做法，由墙骨柱、顶梁板、底梁板等基本构件和墙体覆面板共同构成（图4-24）。这些构件基本都是由规格材制成，在转角、开洞、过梁等需要结构加强的部位，一般通过叠置构件的方法做加强处理（图4-25）。根据墙面板材的规格，为最大限度减少材料浪费，木龙骨间距模数一般为610mm。墙体各构件的连接主要靠钉子，个别部位采用榫卯或金属件。在轻型木结构的承重墙上开设窗洞口时，两边的墙骨柱需做叠合加强；根据洞口宽度，顶、底梁板也需要做叠合加强处理，或选用工程木。门窗安装具有更精确的尺度保障，相关构造只需遵照标准做法即可。

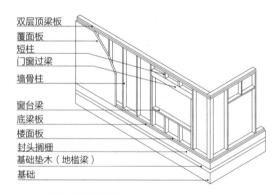

图4-24 墙体构造示意图

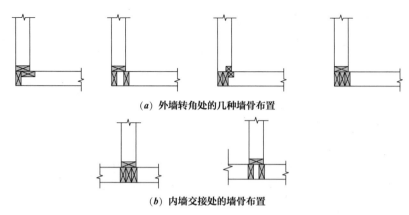

（a）外墙转角处的几种墙骨布置

（b）内墙交接处的墙骨布置

图4-25 剪力墙相交处的墙骨布置

【保温、防潮与防火】

作为空腔的木骨架墙体，保温等做法比较灵活。常规的保温做法是在由墙骨柱构成的竖框间填充保温隔热材料，防火做法是外覆石膏板，防潮、防腐做法是在木基结构板材外贴防水透气膜。通过适合的结合层，外装饰面可以采用多种材料，如木挂板、砌砖饰面、面砖饰面、涂料等都是常见的做法（图4-26）。

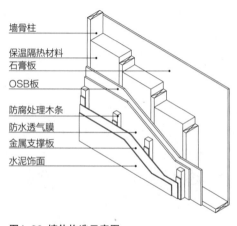

图4-26 墙体构造示意图

4.2.3.3　楼、地面

　　轻型木结构的楼盖构造和地面基本是一致的，同样采取木搁栅搭建，这样会减少整个建筑的用材规格和搭建难度。所不同的是楼盖对隔声的要求更高，常常需加设隔声层。其具体做法或把隔声材料填充在搁栅层的空腔内，或在楼盖上面加设混凝土层。地面系统是由基础垫木（地槛梁）、地面搁栅、封边板组成的基本构件，以及由梁、剪刀撑、横撑组成的加固构件和地面板共同构成（图4-27）。搁栅规格由跨度决定，间距一般为460mm或304mm。搁栅上铺OSB板或胶合板，其上再根据需求选取面层材料。

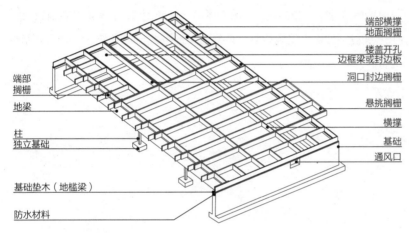

端部横撑
地面搁栅
楼盖开孔
边框梁或封边板
洞口封边搁栅
悬挑搁栅
横撑
基础
通风口

端部搁栅
地梁
柱
独立基础
基础垫木（地槛梁）
防水材料

图4-27 地面结构布置图

4.2.3.4　屋盖

　　轻型木结构平屋盖一般采取与楼面相同的结构做法，然后再进行防水、保温和防护构造的处理。

　　出于防水的考虑，轻型木结构屋盖基本上采用自重很轻的坡屋盖形式，与系统的整体特征保持一致。轻型木结构屋盖同样用规格材搭建，比如单独由椽条充当斜梁构建的屋盖结构，由椽条、顶棚搁栅和其他辅助构件钉合的三铰拱结构，以及桁架结构等（图4-28）。斜梁结构屋面适合小跨度单坡屋盖，齿板桁架适合跨度较大的屋盖。为保证连接强度，不同的屋盖结构类型，不同的坡度，与墙顶梁的连接方式会有不同的要求；多数情况下会采用金属连接件。屋盖在结构体系中既是重要的承受竖向荷载部位，也是主要的承受横向荷载部位。为了承受两个方向的荷载作用，轻型木结构屋盖依然要通过屋盖木骨架和钉合在其上的木基结构板材共同发挥作用。因此，椽条和顶棚搁栅的间距不应大于610mm；而且木基结构板材

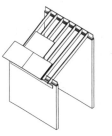

（a）斜梁屋顶结构布置图　　（b）三铰拱屋顶结构布置图　　（c）桁架屋顶结构示意图

图4-28 屋顶结构示意图

一般也不能由其他非结构覆面板代替。

坡屋盖的山墙和屋顶采光窗等屋面形体变化部位都有相应的标准做法（图4-29）；也是采用规格材，以最简单的方式形成骨架、钉合木基结构板材后，完成屋面结构。

（a）"人"字形老虎窗　　（b）无侧墙"人"字形老虎窗　　（c）棚屋式老虎窗　　　（d）坡形山墙处椽条布置图

图4-29 老虎窗木构架及山墙布置

4.3　木质轻型板式组装结构

木质轻型板式组装结构是由轻型木结构发展而来，是近年来发展迅速、应用广泛的新型现代木结构体系。木质轻型板式组装结构在欧洲普遍应用，逐渐成熟且不断创新。

木质轻型板式组装结构是将轻型木结构墙板、楼板模块化，改装成板式组装结构；其受力特征同样类似于剪力墙结构，是由集成的板式构件承担结构荷载。以墙板为例，每块承重板件的结构如图4-30所示。在工厂内，以既省料又便于运输的模块尺度完成全部板件制作，再运至现场装配。木质轻型板式组装结构目前被广泛应用于现代低层和多层建筑中（图4-31）。

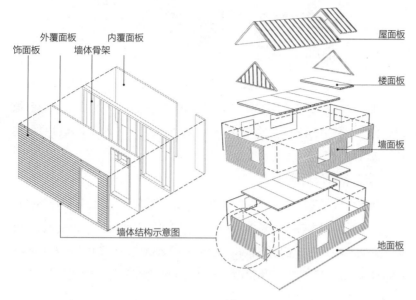

图4-30　木质轻型板式组装结构整体特征与墙板结构示意图

（*a*）瑞士库斯纳赫特半独立式住房

（*b*）瑞士朗根塔尔私人工作室住宅

（*c*）德国卡尔斯鲁厄某住宅区

图4-31　木质轻型板式组装结构应用实例

4.3.1　建筑特征

【标准预制的装配工艺】

轻型木结构采用逐根安装龙骨形成骨架，再现场钉装面板的安装工艺；而木质轻型板式组装结构，将安装过程改进为在工厂预制各类成品板式构件，并将其作成不同建筑用途，再现场组装。各种预制构件高度集成，极大地提高了构件的精度和质量。

【灵活精确的构件尺度】

板式构件的生产需在具有最佳条件的工厂完成，利用计算机控制材料的生产、处理和组装，以确保精确制造。构件尺寸以400~700mm为基本模数（在实际项目中，根据各国标准选取不同数值）。建筑的平面布局和立面设计都以此模数进行模块化设计，也可在此范围内随意增减裁切，以适应不同类型建筑的设计需求。

【简便快捷的运输安装】

由于板式构件的大小基本是以运输车辆尺寸为标准，极大地方便了构件运输，减少了运输成本。同时构件可逐层装配，安装速度快，建造周期短；一般一栋独立式住宅的安装时间仅需1~2天。

【简洁经济的结构造型】

木质轻型板式组装结构与轻型木结构一样，所有承重构件都是完全隐蔽的，内、外立面均有防护和饰面材料。但是木质轻型板式组装结构形态的整体性更强，更符合现代木结构建筑简洁、经济的设计理念。

【广泛多样的应用范围】

鉴于木质轻型板式组装结构的建造周期短、构件集成度高，所以该结构体系能够适用于更加多样的建筑类型，应用范围更加广泛。除了单层和多层住宅建筑，还可应用于中小型公共建筑。

4.3.2　主要结构构件

木质轻型板式组装结构的承重构件包括墙板，楼、地面板和屋面板。各构件均由结构层、防护层、饰面层和连接件等高度集成。各承重构件在构件尺度和构造做法上的差异如下。

【墙板】

木质轻型板式组装结构的墙体结构与轻型木结构类似，由墙骨柱、外饰面材料、保温材料、隔声材料、内饰面材料、防护材料、密封材料和连接件等组成。两者的不同之处在于轻型木结构采用现场逐层安装墙体结构层、防护层和饰面层；而木质轻型板式组装结构则是在工厂预制集成墙板，极大地提高了墙体结构的整体性。

墙板构件中，墙骨柱截面尺寸一般为60mm×120mm（欧洲）；当墙体承受较大荷载时，截面尺寸可增加至80mm×120mm。保温层一般位于结构层的室外侧，其厚度为40mm、60mm、80mm，甚至更厚。[11]在严寒和寒冷地区可选择增加保温层层数的方式，以便更有效地消除建筑结构的"热桥"效应。表4-17显示了铺设一层、两层和三层保温层的墙板构造差异。

墙板保温层构造做法[11]　　　　　　表4-17

层数	一层	两层	三层
名称	a	a+b	a+b+c
图示	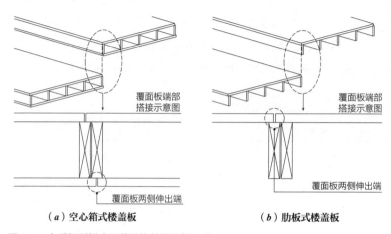		
做法	保温层a设于墙骨柱空腔；常见的保温材料是木纤维保温板等	在墙体外侧加设一层硬质保温层b	在墙体外侧和内测分别加设一层硬质保温层b和c

【楼、地面板与屋面板】

木质轻型板式组装结构的楼面板形式一般有两种：空心箱式和肋板式（图4-32）。这两种形式都为轻型空腹结构，与建筑的整体性结构特征相

（a）空心箱式楼盖板　　　　　　　（b）肋板式楼盖板

图4-32 木质轻型板式组装结构的楼面板形式

一致，同时为建筑管线的铺设提供了空间。楼、地面板和屋面板的栅格间距模数与墙板保持一致，便于施工切割的同时，也节省了材料。面板连接时采用错缝钉制，既方便板块之间的搭接，又有利于力的传递。面板两侧一般设有伸出端（图4-32），用于与墙板或其他楼面板相接，现场施工便捷（图4-33）。

图4-33 楼面板的现场搭建

4.3.3　连接构造

　　木质轻型板式组装结构连接构造的主要目的是完成预制墙板、楼板、地板和屋面板构件之间的连接。因为预制板式构件自身的结构相近，所以连接方式也相近，而且比较简单；一般采用钢钉、螺钉或金属转接件连接。板式构件之间的连接方式可分为两种情况：当构件呈"T"形相接时，可采用直连式，即用螺钉或圆钉牢固连接；也可以采用"L"形金属转接件连接。当构件呈直角相接时，连接方式不变；但外直角处需用角钢保护，角钢与墙板之间用螺钉或圆钉固定（表4-18）。另外，对于板式构件连接拐角处的连接缝，应做密封处理，通常采用密封胶封闭。

连接的构造做法[11]　　　　　　　　　　　表4-18

"T"形连接方式			直角相接
钉连接		金属转接件	钉、金属转接件

4.4 井干式木结构

相较于前文所提到的轻型木结构和木质轻型板式组装结构，井干式结构构件尺度大，自重较重，形象也与其他木结构有显著差异。

井干式木结构体系是以木料平行叠置、转角端部交叉咬合构成井干壁体，既作承重结构，又作围护结构的构架形式(图4-34)。常采用圆形实木、矩形实木或胶合木构件叠合制作。[13]

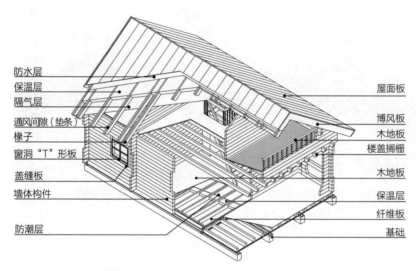

防水层
保温层
隔气层
通风间隙（垫条）
椽子
窗洞"T"形板
盖缝板
墙体构件
防潮层

屋面板
博风板
木地板
楼盖搁栅
木地板
保温层
纤维板
基础

图4-34 井干式房屋体系示意图

4.4.1 发展概况

国内最早的有关井干式房屋的形象和文献记载都属汉代。封建社会时期的井干式木建筑多以民居的形式出现于森林覆盖率高的地区，诸如在东北、新疆和云南等地，都有这种结构形式的典型民居（图4-35$a \sim c$）。在国外，西方井干式木结构体系确切的起源目前已无法考究，但公元前15世纪，《建筑十书》中就提到了井干式房屋的建造方式。据现有资料推测它的起源，很可能是在欧洲斯堪的纳维亚半岛及东欧地区。在北欧各国及俄罗斯，至今井干式木结构房屋的数量仍很可观，表现出了极深的建筑渊源。不仅大量应用于民居建筑，也广泛应用于较大规模和形体关系较为复杂的教堂等公共建筑。公元前1150年建造的挪威胜斯塔万格木板教堂（图4-35e）至今仍保存完好。历史学家们认为，首批瑞典移民在1638年把井干式木屋的建造方法带到了北美。至18世纪，遍布于美国的井干式木屋已发展出多种风格。20世纪60年代中期，芬兰井干式原木屋开始以工业化生产取代手工制造。当前，井干式木结构建筑在世界各地都有分布。[5]

（a）中国新疆井干式传统民居

（b）中国云南井干式民居

（c）中国东北井干式民居

（d）瑞士某民居

（e）挪威胜斯塔万格木板教堂

（f）瑞士原木民居

图4-35 井干式木建筑实例

4.4.2 建筑特征

【构件较大、重复利用】

传统井干式木建筑材料以原木为主，现代井干式木建筑普遍采用胶合木。构件尺度较大，建造时需大量的木料；一般是轻型木结构用材的四倍，造价的两倍。大型构件受安装破坏较小，建筑被拆解后，构件能保持较好的完整性，可被高效地再利用。

【形象自然、大众喜爱】

建筑形象充分展示了木材的材质特征和搭建方式。室内外墙面均可直接用木材形成界面，特点明显，环境体验感优于其他结构类型的木建筑，展现了自然的原生态特征。井干式建筑以其原真古朴的形象，一直备受大众喜爱。

【受力缺陷、沉降变形】

竖向荷载使井干式木构件横纹受压，这是木材最不利的受力方式，不能很好地发挥木材的抗压性能。同时木材的压缩和干湿变形都比较大，较易产生不均匀沉降；因此，井干式木建筑在建成后1~2年内，每层高度的沉降量一般可达50~100mm之多。

【尺度受限、应用不广】

由于墙体木材横纹受压的缺陷，应严格控制木墙的高厚比，以保证其结构稳定性。井干式木屋的檐口高度不应超过4m，房屋总高度不应超过10m。[10]根据我国现行规范的要求，一般每幢房屋的建筑面积不应超过300m²，层数以一层或一层带阁楼为宜。[14]目前井干式结构主要应用于景区的中小型建筑，其中以独立式居住建筑居多。

4.4.3 典型构造

井干式木建筑的搭建过程简单。个性化的构造主要体现在墙体部分；基础、楼地面、屋盖等部分与木框架结构的相关做法差别不大，只是更加遵从一些习惯性做法。

4.4.3.1 墙体

【墙体单元构件】

木构件多采用天然耐腐蚀的木材；最初主要用材为原木，现在多用胶合木代替原木；提高了构件的性能。通过胶合方式的改变，胶合木墙体构件可以分为沉降型构件和不沉降型构件。其用材一般不分等级；构件用材有矩形和圆形两种，供设计选用（图4-36）。[15]受原材料及运输条件的限制，一般根据建筑墙体长度，制作相对较短的单元构件。木建筑墙体构件的规格应尽量减至最少，以方便搭建。不同厂家的常用规格略有差异。

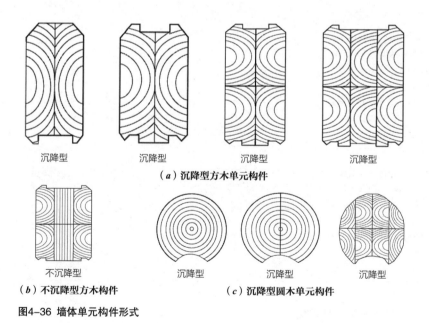

（a）沉降型方木单元构件

（b）不沉降型方木构件　　　（c）沉降型圆木单元构件

图4-36 墙体单元构件形式

【构件交接方式】

相互垂直的墙体单元构件的交接是影响井干式建筑整体稳定性的关键节点。井干式纵横墙的相交处通常采用槽口连接，并将两相交墙体各向外延伸出一段翼墙。通常外伸宽度约为1~1.5倍墙厚。翼墙的作用是增大槽口端部木材的抗剪面积，增强节点抵抗角位移的能力。井干式墙体构件转角处槽口有多种交接方式，例如马鞍槽、燕尾槽、对接连通式和对角立柱式（表4-19）。

井干式墙体的角部连接方式　　　　　　　　　　　　　　表4-19

交接方式	交接特点	构件图示	构造图示
马鞍槽	槽口上下开槽的宽度和深度由构件尺寸决定：槽口宽度与构件宽度相同，单面槽口深度为构件高度的1/2，双面槽口深度为构件高度的1/4	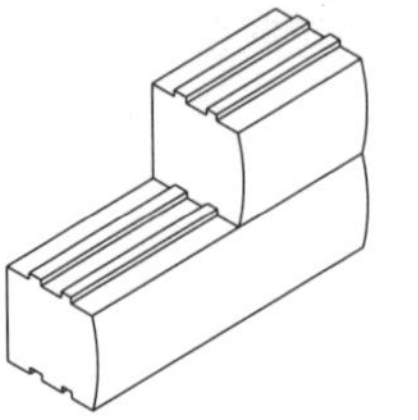	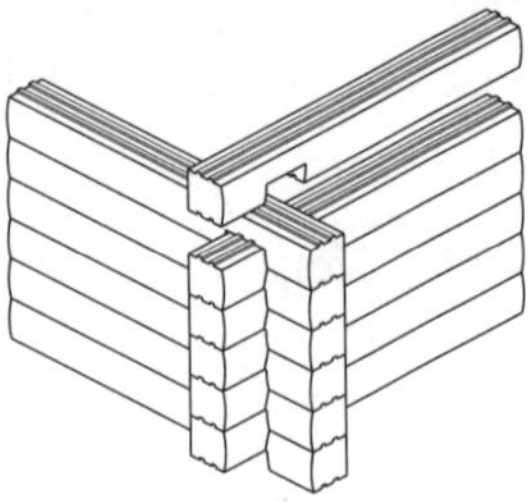
燕尾槽	在转角处不向外延伸翼墙，形成明显的交接痕迹；两方向墙体交叠，需要燕尾的端头向一方向斜切，上下两斜面向一侧或分别向两侧斜切；其中向一侧斜切的形式称为半燕尾，向两侧斜切的形式称为全燕尾	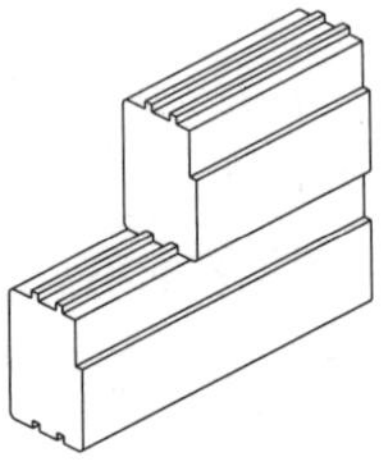	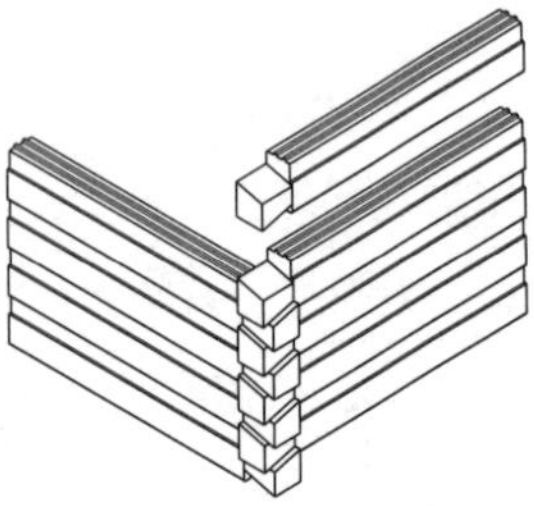
对接连通式	两垂直方向构件以榫卯结构形式相交，一个方向向外延伸出翼，另一个方向不出头，两方向墙体交替出翼；此种交接方式要求墙体单元构件上下表面均为平面，构件截面形式多为扁"D"形、方形或双面半圆形	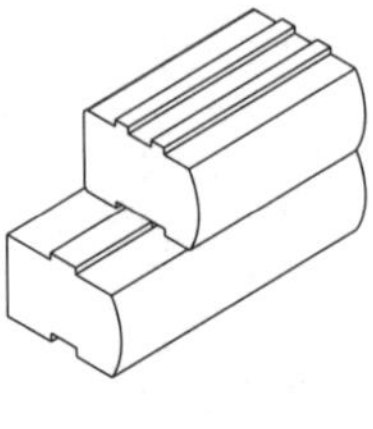	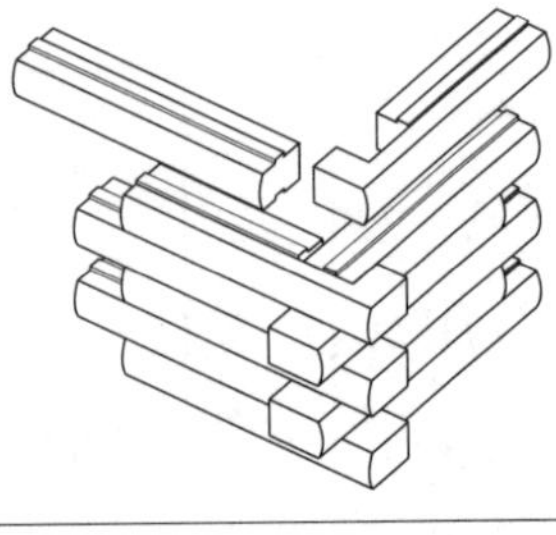
对角立柱式	在垂直墙体交角处设置方形或圆形的立柱，墙体单元构件分别与立柱以榫卯结构形式相交，墙体尽端处不出头；虽然对角立柱式墙体在端头不延伸出翼，但这种形式能够基本保留井干式木屋质朴、粗犷的形象特征	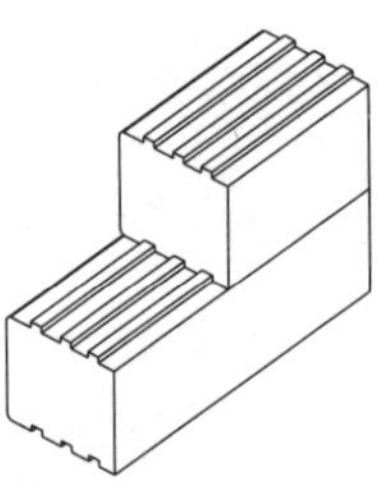	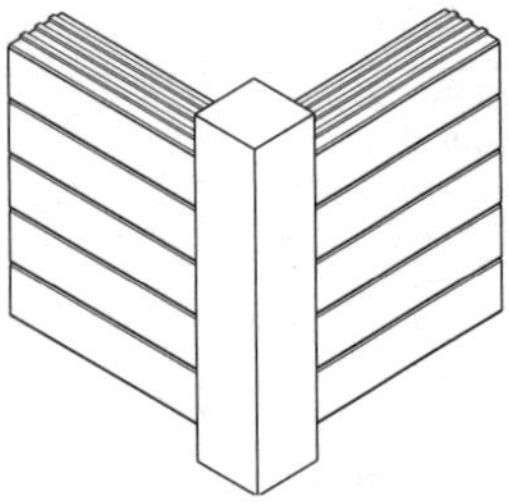

【保证气密性措施】

保证墙体构件之间气密性的一般做法是将每根墙体构件的上下边开阴阳槽口，并在拼缝槽口两侧加设弹性胶条。井干式墙体构造除了常见的实体外墙以外，还可以做成复合外墙（图4-37），复合外墙具有更好的气密性和保温性。[15]

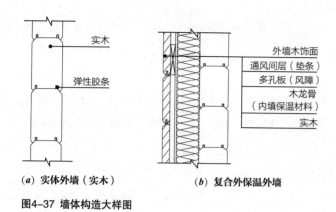

（a）实体外墙（实木）　　　（b）复合外保温外墙

图4-37 墙体构造大样图

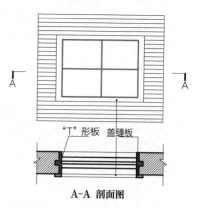

A-A 剖面图

图4-38 "T"形板与盖缝板示意图

保证门窗洞口边缝的气密性，主要借助于标准"T"形板和盖缝板来实现（图4-38）。"T"形板的平整界面与门窗相连，突出界面固定在洞口截面的开槽中，从而加强了与墙体连接的紧密性。为美观而在门窗洞口四边加设的盖缝板会进一步保证建筑的气密性。

【增加稳定性措施】

当井干式墙体上方荷载过大时，中间部分的墙体容易产生变形错位。为了提高墙体的稳定性，相邻两根木料间需按一定的间距设置钢销或木销，来承担墙体拼缝处由水平荷载产生的大部分剪力（图4-39）。[10]为此，墙体单元构件在工厂预制时，需在一定间距处预留圆形洞口。此外，通常会在交叉点或翼墙两端设圆钢螺栓，将墙端较好地锚固在基础上，以抵抗水平荷载产生的倾覆力矩，并增强房屋整体的抗滑移能力（图4-40）。

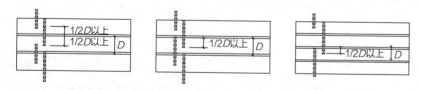

图4-39 插销在木墙中的设置详图（销长1D、1.5D、2.5D）

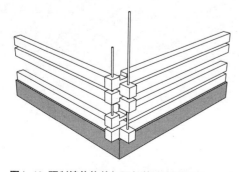

图4-40 预制墙体构件加固与基础连接加固

【应对沉降措施】

对于由沉降型墙体构件建成的井干式结构，为减少沉降对建筑造成的危害，通常需在门窗、屋顶、外廊和入口雨篷处做附加处理。门窗上沿要预留沉降空间，并填塞玻璃丝棉等易于变形的软质保温材料，洞口上部依靠可滑动式盖缝板遮挡（图4-41）。外廊、入口雨篷处的立柱需要在顶部设置可调节高度的螺栓；建成后，根据实际沉降量进行调节，以防不均匀沉降（图4-42）。

井干式屋面通常为坡屋顶，屋面高度差别较大，因此外墙与屋顶的连接需注意竖向墙体顶部与屋顶处的构造处理。墙体整体下沉会带动屋顶发生位移，为了减小墙体变化对屋顶的影响，通常井干式墙体顶部与屋顶不会直接相交，而是通过可滑动的金属连接件将二者连接起来；或是将墙体顶部与屋顶之间预留一定高度的空隙，以应对墙体下沉对屋顶带来的影响（图4-43）。

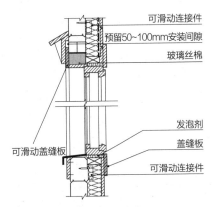

图4-41 门窗洞口部位沉降措施示意图

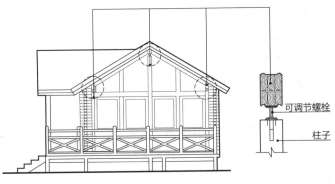

图4-42 柱子应对沉降措施示意图

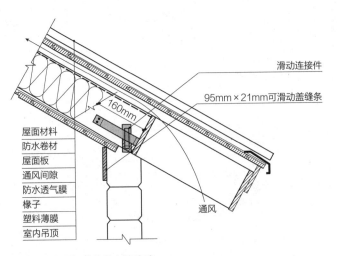

图4-43 屋顶与外墙的交接构造

4.4.3.2 基础与木结构部分的连接

井干式木结构同样需要通过基础抬高或设置地下室（半地下室）的方法，使木结构部分高出地面。基础与上部木结构部分连接的标准做法是将墙体落在基础地梁上，木质楼地面结构再连接至墙体上。

【基础类型】

井干式木建筑的建造规模和体量不大，因此对基础的要求不高。根据建筑建造的不同地貌环境，可选用的基础形式有独立基础、条形基础和阀片基础等。[10]

【墙体与基础的连接】

基础部分的处理通常有两种做法，一是将墙体最底端单元构件进行特殊防腐处理后放置在混凝土基础之上，并设置防水层（图4-44）。另一种做法与前文轻型木结构基础部分的原理和做法一样，通常用金属栓在基础垫木与混凝土之间设置柔性防水层。固定好基础垫木后，由下至上叠置墙体单元构件。

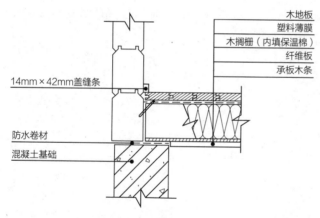

图4-44 混凝土基础与木结构的连接

4.4.3.3 楼、地面

井干式木结构地面和楼盖通常采用木搁栅构造。一般是由面层、木基结构板材、木搁栅、隔声材料（保温层）等组成（图4-45）。通常情况下，地面需设置保温层，楼盖需设置隔声层。地面或楼盖与外墙的连接一般通过金属梁托架来完成；利用金属梁托架来承接龙骨，并用金属钉将梁托架固定于外墙构件上，相邻的两根龙骨之间用横撑来连接（图4-46）。

为了避免地板与地表接触而发生腐蚀现象，同时为加强地板的耐久性、减少室内的潮气，通常在地板下设不小于450mm的架空层。相关做法类似轻型框架结构的基础构造。

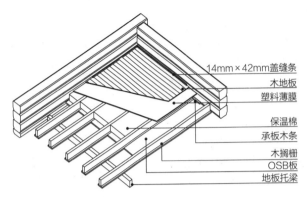

图4-45 寒冷地区木结构地面构造

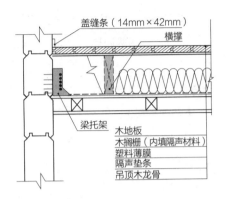

图4-46 楼、地面与墙体的连接

4.4.3.4 屋盖

井干式木结构建筑多采用坡屋盖。当建筑进深较小时，常见做法为搭建一根屋脊梁，作为坡屋面的结构支撑。当进深较大时，常采用三角桁架结构；桁架形式和工艺根据设计要求确定，不同地区、不同厂家，做法不同（图4-47）。屋面也是木搁栅结构，采用标准的木搁栅构件搭建。屋面构造需要确保实现防水、防潮和保温等功能。相关构造与前文介绍的木框架、轻型木结构坡屋面近似。

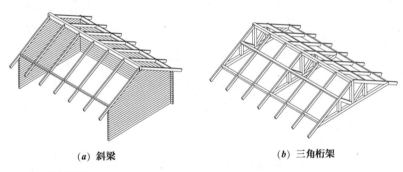

（*a*）斜梁   （*b*）三角桁架

图4-47 屋盖形式

4.5 实木板式组装结构

实木板式组装结构是以实木板材作为楼板、墙板、屋面板，形成剪力墙或箱式结构承重体系，以自攻螺钉、螺栓、金属转接件等为主要连接方式建造的一种简单、快速的装配式木结构体系。

实木板式组装结构与前文的木质轻型板式组装结构的主要区别在于预制板式构件构造；前者为龙骨覆面的轻型构件，后者为实心木材构件。其材料包括层板胶合木、LVL、NLT、CLT等（图4-48）。[16]在近年来的实践中，CLT的应用相对广泛，故下文将围绕CLT板式组装结构做详细介绍。

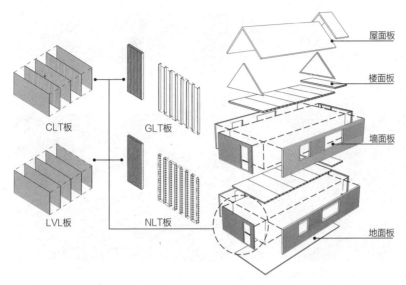

图4-48　实木板式组装结构示意图

4.5.1　发展概况

　　20世纪90年代才得到应用的CLT材料，因其优越的力学性能，快速成为当前流行的木结构材料。从低、多层建筑，到高层建筑，其在工程中的实际应用得以快速增长。最初应用于奥地利和德国，后逐步在欧洲乃至世界范围迅速流行开来。1995～2015年，德国约有八千个建筑项目使用了CLT板材进行建造。[16]2011年，加拿大出版CLT手册成为促进CLT板式建筑发展的重要契机，相关CLT板式建筑技术被编写进加拿大木材标准工程设计的国家建筑规范中。同一时期，新加坡等国也开始将不超过24m的CLT板式建筑列入可建造的木结构体系中。如今，CLT板式结构已成为世界上非常流行的一种木建筑结构形式（图4-49）。

（*a*）挪威Svartlamoen House外观及室内

图4-49　实木板式组装结构建筑实例（一）

（b）英国石墨公寓外观及建造过程

图4-49 实木板式组装结构建筑实例（二）

4.5.2　建筑特征

【简洁的建造工艺】

CLT板材尺度较大，导致组装建筑的构件数量大大减少，几块板材构件便能组装完成一个建筑空间。板与板之间的连接面积较大，实木材质使得连接用螺钉等简单的方式就能达到强度要求。建造工艺极为简单、快速。

【优异的建筑性能】

CLT板自身具有良好、稳定的结构等性能，且结构体系属于典型的剪力墙结构或箱型结构，因此建筑的整体结构性能极佳。由于墙体、楼面和屋面材料的整体性强，也保证了建筑具有良好的气密、保温和隔热等性能。

【高效的材料再利用】

CLT板材的连接方式对材料的破坏很小、拆装方便。因此，当建筑被拆解后，作为墙板、楼板或屋面的CLT板材能保持非常好的完整性，可高效地进行再利用。因此这类结构形式也适合整体拆移。

4.5.3　主要结构构件

CLT板式组装结构的承重构件主要包括墙板、楼盖板和屋盖板。由于CLT板材构成层数一般为奇数，因此板材最外层的木材纹理方向通常平行于重力荷载方向，以最大化板材的垂直负载能力。

4.5.3.1　墙板

CLT墙板本身具有良好的保温隔热和气密性，但为了更好地满足不同的防水、保温等设计要求，墙体仍需设置防水层、保温层和饰面层等。在不同

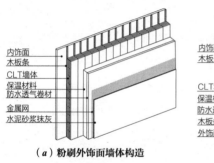
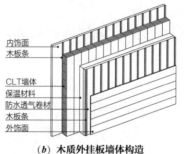
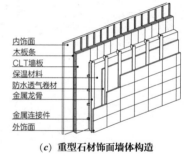

（a）粉刷外饰面墙体构造　　　（b）木质外挂板墙体构造　　　（c）重型石材饰面墙体构造

图4-50 常见CLT板式墙体构造示例

的要求下，墙体构造有多种做法。考虑到建筑的经济性，CLT墙板厚度的确定主要取决于结构计算。在大多数情况下，需另设保温层，且以外保温做法居多，可以增强对外墙的防护作用。一般选用防水透气膜铺设在保温层外侧，以防止墙板受潮。常见CLT墙体构造示例见图4-50。当CLT板作为墙板时，可在其上开设洞口，并可在工厂完成门窗的集成安装。

4.5.3.2　楼盖

CLT实木板式组装结构的楼盖最常应用的也是由CLT板直接构成结构层的楼板，称为平板式楼盖。但是对于跨度较大的空间，为了避免CLT板厚度过大带来的自重过大和材料消耗过大的问题，同时为保持板式组装建造的便捷性，也可以选择盒式楼盖和空心楼盖。盒式楼盖是在CLT板下增设作为腹板的梁，以增加刚度；空心楼盖是在上下两块CLT板之间布置腹板梁，形成空心楼板（图4-51）。当对隔声要求较高时，可在板式楼盖上面浇筑一层混凝土，以减少振动声。[16]

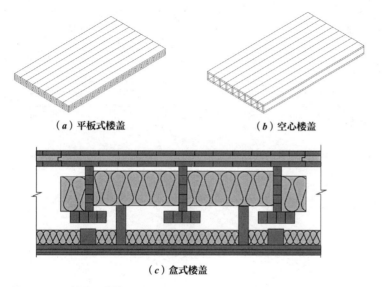

（a）平板式楼盖　　　　　　　（b）空心楼盖

（c）盒式楼盖

图4-51 CLT楼盖示意图

4.5.3.3 屋盖

CLT板式建筑的屋盖有平屋盖和坡屋盖两种，其规格和跨度与楼盖基本相同。CLT屋盖板的保温构造做法无特殊之处，重点在于排水、防水的做法。平屋盖的排水可采用无组织排水和有组织排水两种方式。防水层通常在保温层的上下各做一道，以增加保险系数。坡屋盖的排水、防水均优于平屋盖。典型CLT板式屋盖构造示例见表4-20。

典型 CLT 板式结构平屋盖构造详图   表 4-20

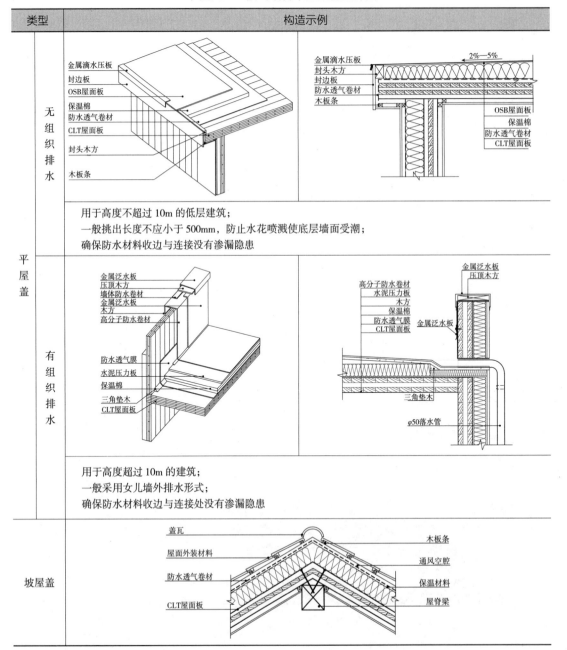

类型	构造示例
平屋盖 无组织排水	金属滴水压板 封边板 OSB屋面板 保温棉 防水透气卷材 CLT屋面板 封头木方 木板条 金属滴水压板　2%—5% 封头木方 封边板 防水透气卷材 木板条 OSB屋面板 保温棉 防水透气卷材 CLT屋面板 用于高度不超过 10m 的低层建筑； 一般挑出长度不应小于 500mm，防止水花喷溅使底层墙面受潮； 确保防水材料收边与连接没有渗漏隐患
平屋盖 有组织排水	金属泛水板 压顶木方 墙体防水卷材 金属泛水板 木方 高分子防水卷材 防水透气膜 水泥压力板 保温棉 三角垫木 CLT屋面板 金属泛水板 压顶木方 高分子防水卷材 水泥压力板 木方 保温棉 防水透气膜 CLT屋面板 金属泛水板 三角垫木 φ50落水管 用于高度超过 10m 的建筑； 一般采用女儿墙外排水形式； 确保防水材料收边与连接处没有渗漏隐患
坡屋盖	盖瓦 屋面外装材料 防水透气卷材 CLT屋面板 木板条 通风空腔 保温材料 屋脊梁

4.5.4　连接构造设计

CLT板式结构的连接主要体现在墙板与基础、墙板与墙板、墙板与楼板、墙板与屋盖板的部位。

4.5.4.1　墙板与基础

在中、小型建筑中，CLT板式结构的基础同样根据具体情况，可选择独立基础、条形基础和阀片基础等。在中、高层建筑中，一层普遍采用钢筋混凝土结构，以防止CLT板受潮而被腐蚀。

CLT墙板与基础一般采用金属件连接；与基础梁的连接可采用外侧连接和内侧连接两种方式，与基础板的连接采用内角连接件的方式。木结构与混凝土基础的连接部分应采取防潮措施，主要通过基础垫木结合防水卷材或采用金属连接件隔离的方式。墙体与基础的连接构造如表4-21。地面与基础的连接通过基础地梁上加设基础垫木作为过渡，在工艺和防腐方面都是相对简单和可靠的做法。

墙体与基础的连接构造做法　　表 4-21

做法	墙体与基础梁的连接做法		墙体与基础板的连接做法	
	内置金属连接件	外置金属连接件	金属连接件连接	木连接件 + 金属连接件连接
图示	CLT墙体 加固螺栓 金属板 锚栓 混凝土基础	CLT墙体 拉力螺钉 SCL 锚栓 混凝土基础	金属支架 螺钉 SCL 锚栓 混凝土基础	CLT墙体 金属支架 螺钉 LVL或胶合板 锚栓 混凝土基础　　CLT墙体 金属支架 螺钉 LVL或胶合板 锚栓 混凝土基础
防潮做法	钢构件自身隔离	基础垫木结合卷材防水层		

4.5.4.2　墙板与墙板

由于生产和运输条件的限制，CLT板材的规格受限。当建筑楼板与墙面的面宽过大时，就涉及板材与板材的连接。CLT板与板之间的连接有两种情况，即水平连接和垂直连接。

水平连接常用的连接方式为钉连接和木连接件连接两种。垂直连接部位有转角和对角，分别适用于外墙与外墙、内墙与内墙的连接；常见方式有钉连接、木连接件连接和金属转接件方式（表4-22）。

墙板与墙板的连接构造做法   表4-22

连接方式		节点构造	构造特点
水平连接	直连式 钉连接		构造简单、安装快捷；但当应力突变时，接口处易发生变形断裂
	直连式 木连接件		胶合木材，如胶合木或LVL的木条作为连接件，受力更加合理，抗剪切力更强；但制作工艺略复杂
垂直连接	直连式 钉连接		采用长自攻螺钉直接将两部分构件连接；安装快速，但不适用于大风和地震地区
	直连式 木连接件		采用硬质木材、胶合木或LVL材料，以凹槽形式放置在两构件之间，增加墙体之间的相互作用
	金属转接件方式		转角处内侧或外侧使用金属转接件连接，但需对金属转接件进行防腐和防火处理

4.5.4.3 墙板与楼板

根据建造方式的不同，墙板与楼板的连接可分为平台式与连续式两种。平台式的楼板搭接在下层墙体之上，连续式的楼板与墙体内侧相连。二者常见的连接方式有直连式和金属转接件连接方式两种（图4-52、图4-53）。

4.5.4.4 墙板与屋盖板

墙板与屋盖板的连接同样可分为直连式与金属转接件连接方式两种。直连式有垂直墙板方向和垂直屋面板方向两种构造形式。金属转接件连接的屋盖板与墙板两侧相连；相对于直连式，金属连接件方式的稳定性更强（图4-54）。屋盖板上方可以根据需要任意选择防护饰面层，处理好相应的连接构造即可。

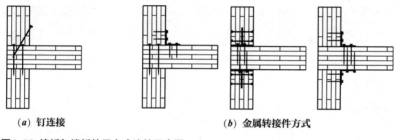

　　　（a）钉连接　　　　　　　　　　　　（b）金属转接件方式

图4-52 墙板与楼板的平台式连接示意图

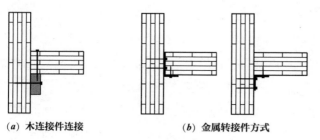

　　（a）木连接件连接　　　　　　　　（b）金属转接件方式

图4-53 墙板与楼板的连续式连接示意图

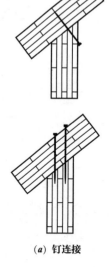

（a）钉连接

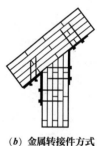

（b）金属转接件方式

图4-54 坡屋面与墙体的连接

4.6　木质砌块组装结构

　　木材也能被加工成块状材料，通过组装的方式实现墙体结构，从而形成木质砌块组装结构。木质砌块组装结构有多种砌块种类，常见的有秸秆草砖砌块、实木砌块等（图4-55）。秸秆并不属于木材，但同属于绿色的生物质材料；将其用作建筑材料由来已久，从某种程度上，也可以说秸秆

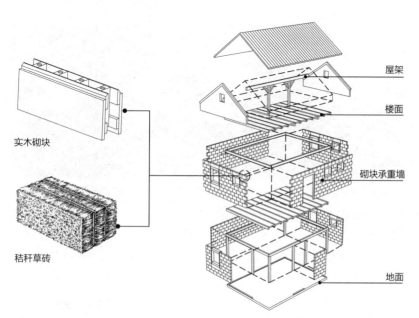

实木砌块

秸秆草砖

屋架

楼面

砌块承重墙

地面

图4-55 木质砌块组装结构示意图

草砖建筑是木质砌块组装结构的灵感来源之一。实木砌块是欧洲在现代砌块组装结构领域的探索，这一类型创新地建构了木质砌块单元的构造，并建立了严格的标准化建造体系；为砌块墙体木结构建筑的发展提供了重要的引领和启示作用。本节将对以上两种木质砌块的发展历史、建筑特点、砌块规格和组装构造加以详细介绍。

4.6.1　秸秆砌块组装结构

秸秆草砖砌体结构是指以由秸秆草砖和砂浆砌筑而成的墙体作为建筑物主要受力构件的结构体系。秸秆草砖是以秸秆为唯一原料，经压缩形成的一种块状建材，主要利用了秸秆易压缩和保温隔热的特性。由于秸秆内部是中空的，有较大的压缩空间；因此经过压缩后形成的草砖较为密实，可以应用到墙体中，作为承重或围护材料。同时，因秸秆有减缓热传递的作用，所以秸秆草砖也可作为保温材料，应用到建筑的墙面、楼地面或屋面中。

4.6.1.1　发展概况

秸秆建筑的出现可追溯至19世纪在美国出现的秸秆压制技术。1884年，第一座秸秆建筑建于内布拉斯加地区。早期的秸秆建筑在主要的修建方法中没有采用其他辅助结构，而是利用秸秆墙体直接支撑屋顶，这种修建方法被称为"内布拉斯加法"。这种方法在1915～1930年得到广泛应用。这一时期大约修建了七十多座房屋，其中13座保存至1993年以后（图4-56a）。20世纪70~80年代，欧洲建起了相当数量的秸秆建筑，各国相应出台了秸秆建筑计划；[17]近年来也有许多新秸秆建筑出现（图4-56b）。

(*a*)　马丁·蒙哈特住宅（内布拉斯加州）　　　(*b*)　德国瓦格林生态旅馆外观

图4-56　早期秸秆建筑

4.6.1.2　建筑特点

【就地取材、乡土情调】

秸秆材料多为就地取材，广泛应用于农村地区。多由个人兴建，且大多数建筑都被用作私人住宅。虽然不同地区表现出一定的差异性，但秸秆建筑整体风格朴拙，具有浓郁的乡土风情。

【建造便利、造价低廉】

大多数秸秆建材都是以秸秆为主要原料加工生产的。秸秆作为废弃农作物，储量丰富，获取容易且价格低廉。同时，因砌块规格较小，建造无需大型设备，方法简单；且运输极为便利。

【改善空气、调节湿度】

秸秆具有防水特性的蜡质细胞膜质，整体硅含量较高，所以其耐腐蚀程度很高。秸秆砌块在建造过程中通常用黏土进行无缝隙抹灰处理。黏土具有很好的吸附特性，能有效调节室内湿度；无缝隙抹灰也保证了建筑的气密性。

【规模有限、空间封闭】

草砖因材料本身的体积易发生变化，密度也随之减小，有可能失去承载能力。结构对于建筑层高，墙体长宽比、高厚比，门窗高宽比等都有明确严格的限定；这些结构上的要求很大程度上限制了空间规模。

4.6.1.3　砌块单元与组装

秸秆草砖的尺寸有很多种：小号砖的尺寸通常为（320~350）×500×（500~1200）；中型砖的尺寸通常为500×800×（700~2400）；大型砖的尺寸通常为700×1200×（1000~3000）（单位：mm）。[17]大型砖通常被用在承重的主体结构中，这部分结构的厚度很大，同时重量也很大，只能依靠吊装设备进行搬运（图4-57）。承重秸秆砖墙能很好地将屋面荷载直接传向基础，结构简单，建造周期较短。通常由张拉钢丝和加强筋进行加固；内外饰面均为泥土抹灰，在保证结构的前提下，极大地增强了建筑的气密性。

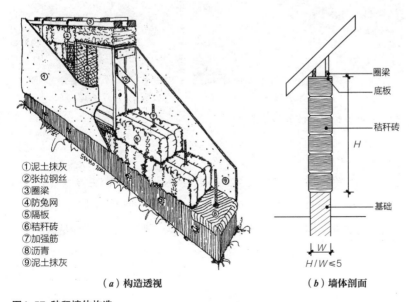

①泥土抹灰
②张拉钢丝
③圈梁
④防兔网
⑤隔板
⑥秸秆砖
⑦加强筋
⑧沥青
⑨泥土抹灰

圈梁
底板
秸秆砖
H
基础

W
$H/W \leqslant 5$

（a）构造透视　　　　　（b）墙体剖面

图4-57 秸秆墙体构造

（*a*）秸秆再加工过程　　　　　　　　（*b*）秸秆墙体的砌筑

图4-58 德国瓦格林生态旅馆

由于秸秆砖要受到外加荷载的压缩，所以要求墙体高度和厚度的比值（高厚比）不应超过5：1，窗口应适当狭窄且高度应大于宽度。当前的秸秆墙体通常与木结构相结合，以便实现更好的结构稳定性。如图4-58为德国瓦格林生态旅馆的现场再加工与砌筑过程。

4.6.2　实木砌块组装结构

实木砌块在大小和使用上与传统的砖块有些相似，手工即可安装。实木砌块改善了秸秆草砖墙体结构稳定性差、建造精确度低、空间规模有限等问题。该结构在实践中可以建造最高为3层，最大楼板跨度为3m的住宅，以及厂房、商业、办公等公共建筑，或是临时性建筑、商品展销会、舞台、扩建建筑、隔断等（图4-59）。

（*a*）搭建过程　　　　　　　　　　（*b*）外观

图4-59 某实木砌块组装结构建筑

4.6.2.1　发展概况

本节介绍的是欧洲最具代表性的现代实木砌块组装结构。1997年，该结构由瑞士的Anton Steurer教授和建筑师Joseph Kolb共同研制，参与研制的还有苏黎世大学和瑞士材料测试委员会的成员。这个研究团队的目标是探索一种简单、廉价、高品质的新型木质建造系统。一年之后，在瑞士的克斯维尔小镇有了第一个住宅试点项目。如今，由于这种砌筑方法具有高效、快速、节能等优点，已在瑞士、美国、英国、意大利等全球十多个国家应用。

4.6.2.2 建筑特征

【安装方便、节约成本】

统一的建筑模块形式，使得房屋的各个部件都可以大批量采用机械加工，不用现场加工。模块小巧轻便，单人不用任何机械即可组装，建造成本低廉。砌块与砌块之间采用插槽连接，进一步降低了施工难度。

【空腔墙体、复合功能】

充分利用材料，摒弃了井干式木结构建筑整面墙体都为实木的做法。砌块内部为相互连通的空腔结构；既节省材料的使用，又为管线布置和隔声材料的填充预留了空间。

【方便回收、有效利用】

由于砌块尺寸较小，砌块与砌块之间只是插槽连接，且很少使用加固构件连接；因此，拆卸十分方便，拆卸过程对砌块几乎没有损伤，为砌块的回收再利用提供了有利条件。

【结构较弱、空间受限】

由于插槽连接无法形成刚性连接，且连接点多；因此，虽然其整体结构性能优于秸秆草砖砌块结构，但是仍然较为薄弱。这对于房屋的平面设计和空间尺度方面提出了一定的限制条件，从而导致建筑灵活性较差。

4.6.2.3 砌块单元与组装

该体系墙体的标准构件分为基本砌块和辅助模块，砌块是在工厂将木板加工成精度极佳、两面密封的立方体盒子。基本砌块重量约为6.5kg，有高为320mm和240mm两个型号，宽为160mm，长为640mm。除了两种基本砌块，根据长度的不同，还设置了3/4、1/2、1/4三种扩展规格的砌块类型。砌块与砌块有组织地相互搭接，通过边缘插槽、下部突出的木栓和下方砌块上部对应的插口，使各砌块相互咬合，连接形成整体，无需胶粘剂或铁件加固。与基本砌块配套的是辅助模块，分为基础模块、顶部模块、侧面模块、门窗过梁模块等（图4-60~图4-62）。[18]

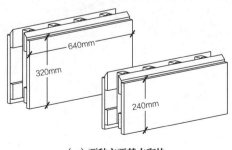

（a）两种主要基本砌块

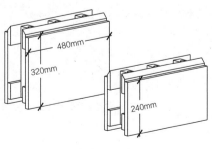

（b）3/4砌块

图4-60 基本砌块单元（一）

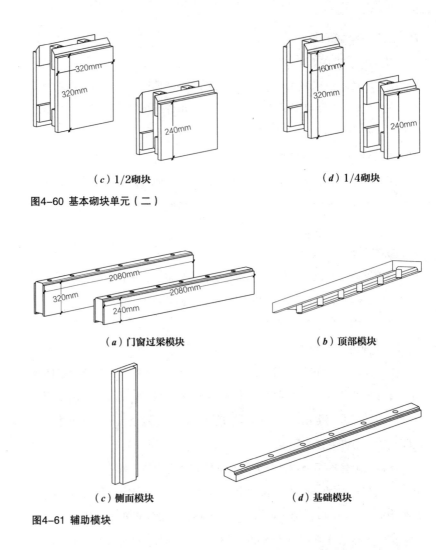

（c）1/2砌块

（d）1/4砌块

图4-60 基本砌块单元（二）

（a）门窗过梁模块

（b）顶部模块

（c）侧面模块

（d）基础模块

图4-61 辅助模块

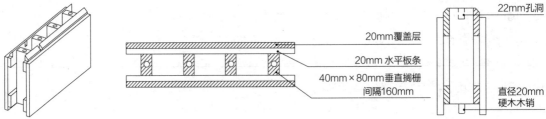

图4-62 砌块构造大样图

思考题

1．常见中小型木结构建筑的基本类型及主要特征是什么？

2．木框架结构、轻型木结构、实木板式组装结构的典型构造做法是什么？

参考文献

[1]　何敏娟，LAM F，杨军，张盛东．木结构设计 [M]．北京：中国建筑工业出版社，2008．

[2]　刘敦桢．中国古代建筑史 [M]．北京：中国建筑工业出版社，1984．

[3]　日本国土交通省．建筑物存量统计（2013年1月1日）[J]．日本：国土交通省，2013．

[4]　宫崎县株式会社X-knowledge．木造轴组构法入门 [M]．东京：株式会社X-knowledge，2017．

[5]　陈启仁，张文韶．认识现代木建筑 [M]．天津：天津大学出版社，2005．

[6]　SKINNER T．Half-Timber Architecture [M]．Atglen：Schiffer Publishing Ltd，2007．

[7]　BRUNSKILL R W．TIMBER BUILDING IN BRITAIN [M]．London：Victor Gollancz Ltd，1985．

[8]　BROWN R J．Timber Framed Buildings of England [M]．London：Robert Hale Ltd，1986．

[9]　DAVIES P．TIMBER FRAMED BUILINGS EXPLAINED [M]．Oxford：Information press，2010．

[10]　潘景龙，祝恩淳．木结构设计原理（第二版）[M]．北京：中国建筑工业出版社，2019．

[11]　Kolb，Josef．Systems in timber engineering：loadbearing structures and component layers [M]．Birkhä user，2008．

[12]　高承勇．轻型木结构建筑设计．结构设计分册 [M]/轻型木结构建筑设计．结构设计分册．北京：中国建筑工业出版社，2011．

[13]　赵妍．吉翁·卡米纳达的井干式建筑设计方法研究——以弗林村枢室为例 [J]．建筑学报，2018(10)：108-114．

[14]　中国建筑标准设计研究院．GJBT-1303木结构建筑 [S]．北京：中国计划出版社，2014．

[15]　费本华，刘雁．木结构建筑学 [M]．北京：中国林业出版社，2011．

[16]　住房和城乡建设部标准定额研究所．正交胶合木（CLT）结构技术指南 [M]．北京：中国建筑工业出版社，2019．

[17]　（德）赫尔诺特·明克，弗里德曼·马尔克．秸秆建筑 [M]．刘婷婷，余自若，杨雷译．北京：中国建筑工业出版社，2007．

[18]　Steko Holz-Bausysteme AG．Steko Broschü re deutsch [EB/OL]．[2020-02-01]．https://www.steko.ch/fileadmin/ablage/dokumente/steko-brochure-deutsch.pdf．

图、表来源

图4-1：刘敦桢．中国古代建筑史 [M]．北京：中国建筑工业出版社，1984．

图4-7~图4-9：BRUNSKILL R W．TIMBER BUILDING IN BRITAIN [M]．London：Victor Gollancz Ltd.1985．

图4-10、图4-11：SKINNER T．Half-Timber Architecture [M]．Atglen：Schiffer Publishing Ltd，2007．

图4-12：BROWN R J．Timber Framed Buildings of England [M]．London：Robert Hale Ltd，1986．

图4-14（a）：https://cdn. fertighauswelt. de/057af459e531423cce926419ee4192b149e07cb0/ART9_0203-1-1600x800. jpg．

图4-14（c）：https://www.archdaily. com/478633/tamedia-office-building-shigeru-ban-architects/．

图4-17：http://www. bjgjlyz. com/index/detail/id/415. html．

图4-22（a）：Canadian Wood Council．CELEBRATING EXCELLENCE IN WOOD ARCHIECTURE：2015-2016 WOOD DESIGN AWARD WINNERS[M]．Canada：Dovetail Communication Inc，2016．

图4-22（b）：https://canadawood.cn/signature-projects/

图4-31、图4-33：KOLB J. Systems in Timber Engineering [M]. Basel: Birkhauser, 2008.

图4-35（a）：http://www.showanywish.com/

图4-35（b）：http://www.photophoto.cn/pic/24800983.html.

图4-35（c）：http://user.huitu.com/Buy/ShopCart?id=432331&type=0&font=0&deadline=1

图4-35（d）、（f）：STEURER A. Developments in Timber Engineering: The Swiss Contribution [M]. Basel: Birkhauser, 2006.

图4-35（e）：https://qqpublic.qpic.cn/qq_public/0/0-2652042512-0FAF700F14FA5B74C72991159 92A63C4/0? fmt=jpg&size=63&h=480&w=640&ppv=1

图4-36、图4-41～图4-46：中国建筑标准设计研究院. GJBT-1303木结构建筑 [S]. 北京：中国计划出版社，2014.

图4-39、图4-40：潘景龙，祝恩淳. 木结构设计原理（第二版）[M]. 北京：中国建筑工业出版社，2009.

图4-49：MAYO J. SOLID WOOD: case studies in mass timber, Architecture Technology and Design [M]. Abingdon: Routledge, 2015.

图4-50、图4-51：住房和城乡建设部标准定额研究所. 正交胶合木（CLT）结构技术指南 [M]. 北京：中国建筑工业出版社，2019.

图4-52～图4-54：MOHAMMAD M, DOUGLAS B, RAMMER D, et al. CLT Handbook: Cross-Laminated Timber [M]. U.S. Department of Agriculture, Forest Service, Forest Products Laboratory, Binational So wood Lumber Council (BSLC), 2013.

图4-56a、图4-57：（德）赫尔诺特·明克，弗里德曼·马尔克. 秸秆建筑 [M]. 刘婷婷，余自若，杨雷，译. 北京：中国建筑工业出版社，2007.

图4-56(b)：拍摄者 Klaus Hirrich.

图4-59：https://www.steko.ch/fileadmin/ablage/dokumente/steko-brochure-deutsch.pdf.

图4-60～图4-62　参照绘制：Steko Holz-Bausysteme AG. Innovative Wandkonstruktionen [EB/OL]. [2020-02-01]. https://www.steko.ch/fileadmin/ablage/dokumente/innovative_wandkonst ruktionen_steko.pdf.

表4-5、表4-9、表4-10　参照绘制：潘景龙，祝恩淳. 木结构设计原理（第二版）[M]. 北京：中国建筑工业出版社，2019.

表4-21、表4-22　参照绘制：MOHAMMAD M, DOUGLAS B, RAMMER D, etal. CLT Handbook: Cross-Laminated Timber [M]. U.S. Department of Agriculture, Forest Service, Forest Products Laboratory, Binational So wood Lumber Council (BSLC), 2013. uktionen_steko.pdf.

第 5 章

大跨木结构建筑

　　木结构在日本和北美等国家已经广泛用于大跨空间，并体现出诸多显著优势。本章知识点主要包括：大跨木结构的发展概况、基本特征和主要结构类型；适合大跨木结构体系的桁架结构，拱与刚架结构，壳结构，以及张弦结构的基本特征、受力原理、设计要点和代表案例。

5.1 概述

大跨建筑一般采用结构跨度值作为衡量标准，《中国大百科全书：建筑·园林·城市规划》中对"大跨建筑"的定义为：横向跨越30m以上空间的各类结构形式的建筑。[1]在木结构建筑中，虽然很多建筑在跨度上尚未达到这一尺度要求，却已具备大跨木结构的特征；因此，本教材所述大跨木结构建筑的内容也适用于这些结构。大跨木结构可广泛应用于影剧院、体育馆、展览馆、大会堂、航空港候机大厅等公共建筑以及大型厂房、飞机装配车间和大型仓库等工业建筑。

5.1.1 发展概况

大跨木结构的存在由来已久，从最初使用简单营造技术到现代应用先进工艺，经历了漫长的发展历程。无论在东方，还是西方，大跨木结构在其发展过程中都出现了众多具有极高技术与艺术造诣的代表作品。

5.1.1.1 中国大跨木结构的发展概况

中国古代木结构形成了抬梁式、穿斗式等多种成熟的建筑结构类型，多以榫卯连接，对木材尺度要求较高，因此跨度有限。而大跨木结构主要在桥梁中有独到的应用。以桥梁为代表的古代大跨木结构形式主要有：悬索结构、伸臂梁结构、拱结构等（图5-1）。[2]其节点连接构造主要采用了榫卯、绑扎、金属件连接等方式。[3]最具代表性的桥梁，如《清明上河图》中，北宋张择端所绘的汴河虹桥（见表1-1）为编木拱结构类型，桥体的主要受力结构分为两套系统：第一套系统是"八"字形的3根长拱骨，共10组；第二套系统是两根长拱骨和两根短拱骨，共11组；两套系统交错布置。[4]整体结构由短原木杆件纵横贯穿，以绑扎的方式形成大跨度拱，实现短材跨越大空间，结构构思巧妙（图5-2）。至今，全国保存下来的编木拱桥有一百多座，主要分布在福建省和浙江省交界。

18世纪末，随着西方建筑技术的传入，钢筋混凝土材料逐渐应用于大跨建筑当中，木结构被逐渐取代。直至1949年后，北京光华木材厂建立了木桁架车间，开始探索木屋架和大跨木结构的实践应用。但是这一时期很短，也没有取得突破性的发展，主要原因是我国的结构用材很快便被消耗殆尽，国家基本停止使用木结构。直至1989年，铁道部北京木材防腐厂和中国林业科学研究院木工所、中国建筑技术开发公司合作，为亚运会工程康乐宫戏水乐园制成跨度60m的胶合木混凝土组合刚架结构（图5-3），由此开启了我国现代大跨木结构的发展历程。21世纪我国的大跨木结构涌现出越来越多的实践作品；如2013年在苏州胥江古运河上建成当时世界跨度

甘肃文县石坊乡合作化桥　　　甘孜藏族自治州新龙县乐安乡波日桥　　　湖南醴陵渌江桥

（*a*）伸臂梁结构

泰顺木拱廊桥　　　　　　　　　　　甘肃渭源灞陵桥

（*b*）拱结构

（*c*）悬索结构——四川灌县都江堰安澜桥

图5-1　中国古代桥梁结构类型及示例

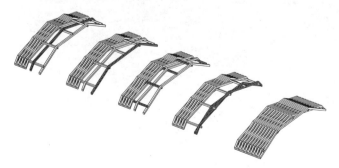 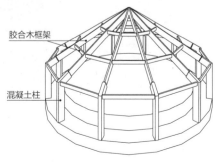

图5-2　编木拱结构体系　　　　　　　图5-3　北京康乐宫戏水乐园三维结构模型

最大的重型木结构拱桥——欢乐胥虹桥，该桥全长120m，主跨度达到75.7m（见图1-18）；再如意大利2015年米兰世界博览会中国馆，以极具特点的屋顶形态和竹编材料覆盖层，表达了中国文化的显著特征（见图1-19）。

5.1.1.2 西方大跨木结构的发展概况

西方大跨木结构的起源最早可追溯到古希腊、古罗马时期，很多神庙跨度较大的空间的屋盖均是由木材来建造。尤其在文艺复兴以后，由于木材韧性好、自重轻，易被加工成曲线形的构件；在钢铁大量使用之前，西方很多大型的穹顶屋架都采用木拱结构建造。西方大跨木结构的类型比较丰富，并达到了很高的造诣；比如：12世纪法国的巴黎法院大厦采用的三角桁架屋架，不但具备结构上的合理性，而且在格构方式和构件形式上都具有鲜明的特征（图5-4）；14世纪法国建造的卢瓦尔河畔苏利城堡大酒店（Grand Salle de Chateau Sully-sur-Loire，1350年），运用下弦为尖拱形、上弦为矩形组成的木桁架，形成屋盖结构，实现了简洁的结构形态，十分接近现代大跨木结构的技术与审美特征（图5-5）；14世纪建造的英国威斯敏斯特宫（Palace of Westminster，1394~1399年），通过对结构构件的曲线化和雕刻处理，使21m跨度的木结构形态具有了强烈的形式风格（图5-6）。

在桥梁建造方面，著名的意大利建筑师帕拉第奥在《建筑四书》中记录了几种类型的木桁架桥。这些桥梁采用承载力较大的框架结构，利用三角形的稳定性以及构件中拉、压两种荷载的均衡作用，获得了较大的跨度，且用料较少、自重较轻。[5]由于桁架结构具有以短构件实现大跨度的优势，且受木材生长尺寸的限制较少，因此这种结构体系在当时大量运用

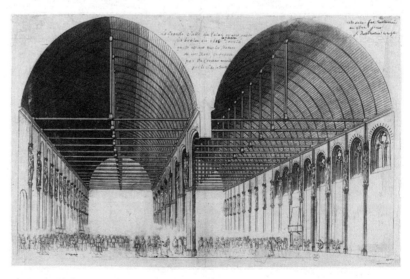

图5-4 法国巴黎法院大厦

图5-5 法国卢瓦尔河畔苏利城堡大酒店　　　　图5-6 英国伦敦威斯敏斯特宫

于桥梁工程。

18世纪中期，欧洲大陆传统的木拱桥技术广泛传播，衍生出合理的结构做法。如1750年由英国桥梁设计大师威廉姆·埃斯里奇（William Etheridge）设计的老沃尔顿桥（Old Walton Bridge）（图5-7），其受力系统由中央木构拱券以及两侧放射状的木桁架所组成，其主体拱跨度为130英尺（39.6m），两个侧拱跨度44英尺（13.4m）。虽然该桥已不复存在，但其缩尺模型，至今仍保存于所在城市的博物馆中。同一时期的代表性木结构桥梁还有1749年在剑桥建造的数学桥（Mathematical Bridge）（图5-8）、1760年在伦敦建造的布莱克法尔斯桥（Blackfriars Bridge）木结构脚手架等（图5-9）。

图5-7 画家卡纳莱托（Canaletto）绘制的英国老沃尔顿桥

图5-8 英国剑桥大学内的数学桥　　　图5-9 英国伦敦的布莱克法尔斯桥

18世纪末，随着钢材在大跨建筑中的快速应用，传统大跨木结构在公共建筑领域日渐式微，但这只是短暂的发展停顿。1960年以后，随着木材技术的飞速发展，加之人们对环保材料的关注，西方大跨木结构步入迅猛发展的轨道，实践了大量作品，呈现丰富的形态和先进的技术特征。相关成就和案例将在本章的后续中得以展现。

5.1.2 基本特征

【结构轻质高强】

木结构自重轻的特点在大跨建筑中的优势更加明显。一方面，大跨度决定了整体屋面结构的绝对重量很大，木材相对钢材等其他材料的减负值是相当可观的；另一方面，材料自身强度并不低，结合现代材料技术，使结构系统进一步提升了刚度、强度和稳定性，对于瞬间冲击荷载和周期性疲劳破坏具有良好的延性，在地震中一般仍能保持结构的稳定和完整。

【形态亲和醒目】

大跨结构的形态表现力更强；相对于钢材等其他材料的大跨结构，木结构更具视觉吸引力。首先，材质自身表现力强，木材纹理丰富，色泽美观，拥有自然、温馨、安静等特性；其次，大跨木结构易于加工，形态具有极大的可塑性，易于实现个性化的结构构件；最后，基于连接方式的多样性和构件的易加工性，大跨木结构的形式更加丰富多样。

【绿色节能环保】

大跨木结构建筑的规模更大，其绿色环保的优势也更大。在材料、生产与建造方面都有突出体现。首先，木材的用料相对更大，建筑的固碳能力更强；木材构件的尺度更大，再利用率更高；其次，大跨木结构的装配化程度较高，工厂生产的有害废物少，现场搭建对环境影响较小。

【耐腐优于钢材】

对于一些特定空间，木结构相较于钢结构具有稳定性好、耐久性强的特征。在常年潮湿的环境中，钢结构极易引发锈蚀和结构安全问题，给日后的维护带来极大的困难；而木材在这类恒定高湿环境下，反而具有更好的耐腐能力。同时，木结构还能够抵抗一定的化学腐蚀，能够保证结构强度的长久安全。因此，木结构非常适用于游泳馆、溜冰场及高湿工业生产厂房等大跨空间。

5.1.3 结构类型

几乎所有的大跨结构形式，如实腹梁、桁架、拱、悬索、网架、薄壳、折板等，均可运用木材加以实现。

　　按照大跨结构的常规分类方法，大跨木结构可分为平面结构和空间结构两大类。空间结构比平面结构更适合实现较大的空间跨度，但这并非是设计选型的唯一原则，还要综合考虑建筑的空间和形态要求。大跨木结构的平面结构类型主要有实腹梁结构、桁架结构、拱结构、刚架结构等；空间结构类型主要有网架结构、壳结构等（表5-1）。[6]上述一些结构类型，如果结合了张弦结构做法，则可被称为张弦木结构。这种结构是另一视角的木结构类型，可以使大跨木结构用材更节省、结构更合理、形态更丰富；因此，张弦木结构的运用已越来越普遍，并已发展为一种重要趋势。

　　在大跨木结构的众多结构类型中，拱、刚架、桁架、壳以及张弦结构（表5-1）更适合于木材的受力性能，故已得到广泛应用。为此，本章的后续几节将主要围绕这几种大跨木结构类型进行介绍。

大跨木结构的常见结构类型　　　　表 5-1

结构类型	图示	材料适宜性
实腹梁结构		受弯性能强，非材料最佳受力状态；抗腐蚀能力强，自重大，工艺简单，跨度不宜超过 20m
桁架结构		依赖材料受拉、受压性能，适合木材受力特点；结构形态、格构方式有较强表现力
拱结构		材料受弯结合受拉，合理情况下可完全不受弯力，适合木材的受力性能；构件尺度较大，有利于材料自身特性与肌理的表现；跨度可达 100m 以上
刚架结构		平屋顶刚架受弯力，坡屋顶刚架受力接近于拱，适合木材的受力特点；构件尺度较大，有利于材料自身特性与肌理的表现；跨度一般在 50m 以下
平板网架结构		材料同时受拉力和压力，是木材较为有利的受力状态；但是结构节点多，可靠性控制难度大
壳结构		整体结构可在较大的范围内承受多种分布荷载，而不致产生弯曲，适合木材的力学特点；其中网壳结构跨度可达 150m 以上
张弦结构		木构件作为上弦构件受压，适合木材的力学特点；可节省木材；材质及结构的表现力强

5.2　桁架结构

桁架是一种平面结构形式。可设想桁架是由梁转化而来的，即在梁的腹部按一定规则开洞口，使其成为空腹梁；再将各杆之间由刚接改为铰接并加设斜杆，使其变成一个静定的杆系结构，即为桁架。桁架结构是由上下弦杆和腹杆组成。此结构体系通过杆件的轴向受力来承受整个结构的荷载，适合木材的受力特点。[7]其基本原理就是利用了三角形的稳定性，以三角形骨架组成桁架结构的基本单元，同时减轻了自重。

5.2.1　基本类型

木桁架从外形上可分为：平行弦桁架、三角形桁架、梯形桁架、多边形桁架和弧形桁架等类型（图5-10）。其中多边形、弧形桁架受力最为合理。三角形桁架通常作为坡屋顶的屋架，应用广泛，其跨度一般为12~18m；梯形、折线形等多边形屋架，其跨度可达到18~24m。[6]

木桁架根据所用材料分为纯木桁架和钢木桁架。钢木桁架是指以钢拉杆替代木桁架的下弦构件，对提高桁架刚度，减少非弹性变形极为有利，可提高结构可靠性。当桁架跨度较大或使用湿材时，应采用钢木桁架。

木桁架根据格构形式的不同可分为：豪式桁架、芬克式桁架等。但在实际应用中，建筑师有充分的发挥空间，可以设计出不同的格构形式。

5.2.2　受力原理

桁架的上弦受压、下弦受拉，由此形成力偶来平衡外部荷载所产生的弯矩（图5-11）。外部荷载所产生的剪力则由斜腹杆轴力中的竖向分量来平

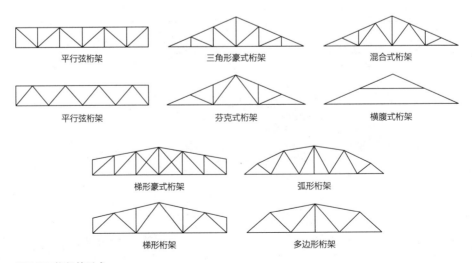

平行弦桁架　　　　　三角形豪式桁架　　　　　混合式桁架

平行弦桁架　　　　　芬克式桁架　　　　　横腹式桁架

梯形豪式桁架　　　　　弧形桁架

梯形桁架　　　　　多边形桁架

图5-10 桁架的形式

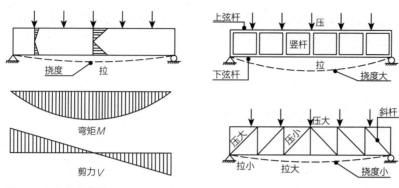

图5-11 桁架的受力原理

衡。因此，在桁架结构中，各杆件单元（上弦杆、下弦杆、斜腹杆、竖腹杆）均为轴向受拉或轴向受压构件，使材料的强度得以充分发挥作用。[7]

5.2.3　设计要点

【形式选择】

桁架结构形式的选择不但要考虑房屋的用途、建筑造型、屋面防水构造等外在要求，而且要考虑桁架的矢高、跨度、节间距等自身因素。矢高直接影响结构的刚度和经济指标，一般可取跨度的1/10~1/5。桁架的中央高度与跨度之比不应小于表5-2规定的最小高跨比。屋架上弦坡度的确定应与屋面防水和造型相适应。屋架的节间距大小与屋架的结构形式、材料组合以及受荷条件有关。[6]

桁架最小高跨比[8]　　　　　　　　　表 5-2

桁架类型	h/l
三角形木桁架	1/5
三角形钢木桁架；平行弦木桁架；弧形、多边形和梯形木桁架	1/6
弧形、多边形和梯形钢木桁架	1/7

【格构设计】

桁架不同的格构方式决定桁架杆件和连接节点的数量，也影响其结构表现力。由于木结构的连接节点很难达到绝对的刚度，因此格构设计不宜形成过多节点。在设计实践中，木桁架结构常常对格构形式进行创新，以形成结构形态的个性化表达。

【节点优化】

桁架的连接节点是桁架结构形态转换的地方。在结构上，其可靠性决定着桁架的整体性能；在形态上，是现代木结构建筑暴露结构和构造的重要表现载体。当前已经形成多种桁架节点标准做法；但在实践中，很多设计师倾向于采用个性化的节点设计。

5.2.4　代表案例

吉尔福德水上运动中心（Guildford Aquatic Centre）

【基本信息】

设　计　者：Bing Thom建筑事务所

建筑规模：6967m^2

地理位置：加拿大，温哥华市

建造时间：2014年

获奖情况：VRCA总统贸易奖金奖

【建筑特点】

◆ 这是用LVL等工程木建构现代多功能屋盖桁架结构的典型案例。建筑屋顶由22个"V"字形的工程木立体桁架组成，结构新颖，形态轻盈（图5-12）。

◆ 利用结构"V"字形中空空间，设置照明、机械设备和吸声等设施。

◆ 屋顶结构构件在工厂预制加工，建造时不需要使用脚手架，保证了施工现场的快速组装。

（a）工程木桁架施工过程图　　　　　　　（b）屋面木桁架系统

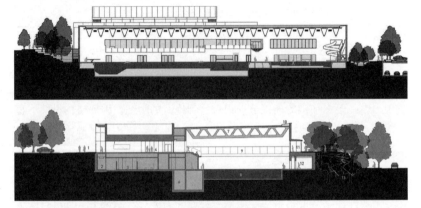

（c）桁架结构剖面效果图

图5-12　加拿大温哥华吉尔福德水上运动中心（一）

（d）木桁架结构室内效果

图5-12 加拿大温哥华吉尔福德水上运动中心（二）

5.3　拱与刚架结构

拱结构是一种以承受轴向压力为主，并由两端推力维持平衡的曲线或折线形结构。它可以充分发挥木材抗压性能好的优势，因此广泛应用于现代大跨木结构建筑中。[6]

刚架结构是指梁、柱之间为刚性连接的结构。它的梁柱截面高度小，造型轻巧，内部净空较大。与拱相比，刚架仍然属于以受弯为主的结构，材料强度无法充分发挥作用；这就造成了刚架结构自重较大，用料较多；适用跨度受到限制，一般为50m以下。[7]介于拱与刚架之间的另一个体系可称为拱架，它在双斜坡梁跨中设一个铰，当柱与基础间也为铰接时，就成了三铰拱；因此在我国建筑结构设计术语中，也将其定义为拱。由于此类刚架和三铰拱的受力特点及结构形态相似（见图5-13c与图5-15c），故本节将拱和刚架结构放在一起进行讨论。

拱与刚架均属于平面结构，在木结构中的应用十分广泛。不但常用于体育馆、展览馆等公共建筑，而且广泛应用于机库、厂房等工业建筑。随着现代木结构建筑的发展，衍生出了更多形态新颖的木拱、木刚架结构形式。

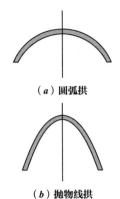

（a）圆弧拱

（b）抛物线拱

（c）近椭圆拱

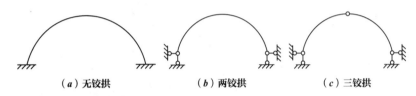

（d）三脚架式结构

图5-14 按轴线型分类的拱

5.3.1 基本类型

【拱结构】

拱结构按结构组成和支撑方式可分为：无铰拱、两铰拱和三铰拱。[7]由于连接性能受限，木结构通常采用两铰拱或三铰拱形式；两铰拱的跨度一般不大于24m，而三铰拱的跨度则可以更大（图5-13）。拱结构按轴线型可分为：圆弧拱、抛物线拱、近椭圆拱和三脚架式拱等。其中实腹胶合木制成的圆弧拱或抛物线拱，可以达到超过60m的跨度；结合钢材的拱可以达到超过100m的跨度（图5-14）。

（a）无铰拱   （b）两铰拱   （c）三铰拱

图5-13 按结构组成和支撑方式分类的拱

【刚架结构】

刚架结构按结构组成和支撑方式分为：无铰刚架、两铰刚架和三铰刚架。因受到连接特性的限制，木结构刚架主要采用铰接的两铰或三铰形式（图5-15）；[7]按结构轴线形式可分为：平顶、坡顶等；按构件截面形式可分为：实腹式、格构式（图5-16）；按构件截面尺寸可分为：等截面式和变截面式（图5-17）。基于刚架在梁柱间连接部位的弯矩大于其他部位的受力特点，在设计中采用变截面形式是更合理的做法。

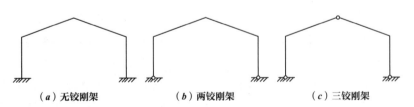

（a）无铰刚架   （b）两铰刚架   （c）三铰刚架

图5-15 按结构组成和支撑方式分类的刚架

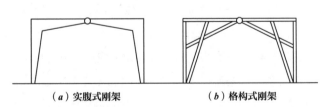

（a）实腹式刚架   （b）格构式刚架

图5-16 按构件截面形式分类的刚架

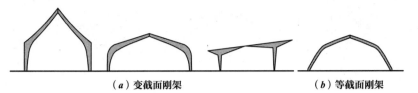

（a）变截面刚架　　　　　（b）等截面刚架

图5-17 按构件截面尺寸分类的刚架

5.3.2 受力原理

【拱结构】

拱在外力的作用下，其水平推力可以平衡结构的整体性弯矩，使结构内弯矩降低到最小限度，主要内力变为轴向压力，其应力分布均匀，对结构十分有利（图5-18）。[10]此外，在理想情况下，合理地选择拱结构的轴线，可使得全拱处于无弯矩状态；此时只有轴向压力。然而不同的荷载组合，其合理轴线不同。三铰拱在沿水平线均匀分布的竖向荷载作用下，合理轴线为二次抛物线；在均匀压力作用下，合理轴线是圆弧线；在填土重量作用下，合理轴线是悬链线（图5-19）。但拱结构不可能完全消除弯矩；一般采用圆形或抛物线形胶合木拱，易使其几何形状尽可能接近于合理拱轴。[7]

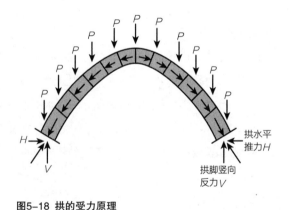

H 拱水平推力H

V 拱脚竖向反力V

图5-18 拱的受力原理

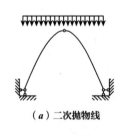

（a）二次抛物线

（b）圆弧线

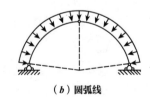

（c）悬链线

图5-19 在不同荷载作用下拱的合理轴线

【刚架结构】

从受力角度来看，刚架中弯矩是主要内力；要求刚性节点在工作时能够传递立柱与横梁之间的弯矩和变形。不同的结构轴线形式，结构内的弯矩和变形也有所不同，也存在"合理拱轴"。根据结构要求，应尽可能使刚架的轴线接近于"合理拱轴"（图5-20）。因刚架结构在梁、柱转角处的弯矩最大，该处轴线越接近合理拱轴，所产生的弯矩越小，结构越经济。

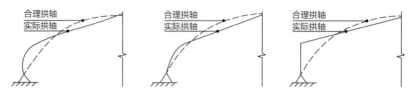

图5-20 刚架的合理拱轴

5.3.3 设计要点

【确定结构矢跨比】

木拱的矢跨比大小需要综合考虑建筑造型、屋面坡度、内部使用空间形态、尺度感等因素，进而选择平缓或高耸的结构几何形状。从结构角度考虑，拱的推力与矢高成反比，在跨度和荷载不变的情况下，提高矢高可减小拱的推力。设计中木拱的矢跨比一般为1/8~1/2。

【设计适宜截面形态】

拱和刚架的截面设计是结构受力合理性以及结构形态表达的重要环节，不同形式的拱截面及材料组合能彰显结构形态的不同个性特征。实心拱易于加工，应用较广泛，有利于构件材料质感和肌理的表达。格构拱可实现更大跨度，增强结构形态表现力，同时将内部应力转化为腹杆的轴力，实现了构件内部的应力集中传递；但其节点多，在刚度及可靠性的控制上存在难度。

【考虑结构侧力措施】

拱是一种有推力的结构，拱脚必须可靠地传递水平推力。通常可采用下列措施：（a）水平推力由拉杆承受；（b）水平推力通过刚性水平构件传递给总拉杆；（c）水平推力由竖向承重构件承担；（d）水平推力直接作用在基础上（图5-21）。对推力的考虑，也增加了结构突出外在表现力的机会。如设计基础平台造型，或设置形式、位置不同的拉杆支撑等。[6]

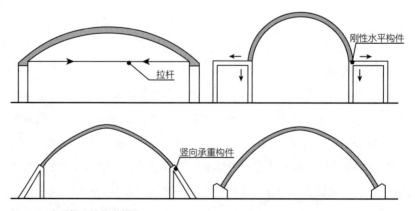

图5-21 水平推力的传递措施

【设置次级结构构件】

拱和刚架属于平面结构，需通过设置可靠的次级结构构件进行连接；如纵向构件将单榀联系起来，进而构成完整的结构体系，来抵御任意方向的荷载作用。次级结构构件及其设置方式，可以有效地丰富结构形态。

【优化结构接地空间】

除山墙部位，各类拱都不垂直于地面；这为空间形态带来变化的同时，也可能导致接地处空间狭小、墙体等围护界面设置困难等问题。需要在设计中结合基础连接构件及建筑的功能、结构、造型等需求，进行合理的优化处理。

【加强结构节点连接】

拱和刚架是否能满足功能要求并有足够的耐久性，很大程度上取决于节点的连接设计。拱和刚架的节点连接多采用金属转接件的连接方式，在满足承载力与耐力的基础上，还需兼顾经济、美观和制作便捷。同时，尚应考虑节点设置的位置、屋面坡度以及木材含水率季节变化等因素（图5-22）。

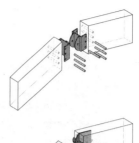
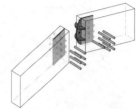

（*a*）刚架与拱顶节点连接
案例示意图

5.3.4　代表案例

谢菲尔德市冬园温室（Sheffield Winter Garden）

【基本信息】

设 计 者：Richard Harris，Richard Hennessy

建筑规模：长70m，宽22m，中心拱高21m

地理位置：英国，谢菲尔德市

建造时间：2012年

获奖情况：（1）2002年度英国市民基金奖；

　　　　　（2）2004年度英国市政建设荣誉奖。

【建筑特点】

◆ 这是一个利用胶合木实木拱营造适宜建筑空间的案例。结构采用拱结构中较为常见的基本形式——抛物线型胶合木拱架结构。每个屋顶都为独立的结构模块，宽7.5m，总长度为67.5m。构造上采用倒悬链剖面拱架的连接，以实现低弯矩轴向力，从而形成一个非常有效的结构形式（图5-23）。

◆ 建筑形态呈现出中间高、两端低的变化轮廓。结构包含4种矢高的平行木拱构件，中间有7个21m高的木拱构件，边缘为11m高的木拱构件。从中间到两端的木拱对称分布，矢高逐渐减小。在没有内部支撑的前提下，实现建筑内部空间的最大化，为种植各种高度和宽度的植物提供最大的灵活性。[10]

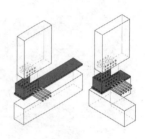
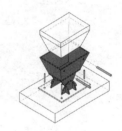

（*b*）刚架与拱支座节点连接
案例示意图

图5-22 拱和刚架的节点连
接设计

◆ 该结构由规格不同的巨型木拱构件构成，所有的建筑部件均由工厂预制，极大地减少了建造过程的能耗。

◆ 建筑造型借鉴19世纪流行于米兰和那不勒斯的大型购物中心玻璃廊道模式；创造了一个优美的大型玻璃拱廊，一个颇具哥特风格而又前卫、独特的建筑形象。[10]

 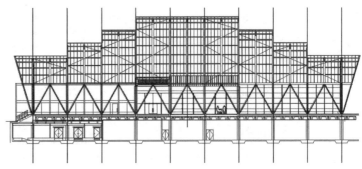

（a）规格不同的木拱构件

（b）屋顶大型玻璃拱廊　　　　　　　　　（c）变化的屋顶轮廓

图5-23 英国谢菲尔德市冬园温室

列治文奥林匹克椭圆速滑馆（Richmond Olympic Oval）

【基本信息】

设 计 者：Cannon Design建筑设计公司

建筑规模：面积47000m²，跨度约100m

地理位置：加拿大，卑诗省列治文

建成时间：2008年

获奖情况：（1）美国绿色建筑委员会颁发的"能源与环境设计先锋"（LEED）白金级认证；

（2）加拿大皇家建筑学会奖。

【建筑特点】

◆ 这是一个具有明显新技术特征的、钢木结合的拱结构案例。建筑屋顶采用钢木混合拱结构的创新形式，以实现跨度约100m、平缓的拱结构屋盖形态（图5-24）。

◆ 主结构剖面为三角形，两侧壁采用胶合木；上部为一个水平的钢桁架，底部也设置了加强结构，并连接胶合木侧壁的三角截面钢构件；由于这一构件在曲梁底部的展露，使建筑整体结构形态有了"冰刀"的意象。

◆ 空心三角形截面的结构提供了中空空间，电路、喷淋、制热、通风等管线可以排布其中。

◆ 次级结构为工厂预制的"木浪"结构板，横跨于间距约12.8m的曲梁之间。该"木浪"结构由普通的2×4（38mm×89mm）SPF规格材构成；通过构造设计使其兼顾了结构牢固和吸声效果。该设计不仅经济合理，且其屋面结构形式及设施别具美感。[11]

◆ 在该栋建筑的北边和南边，屋顶的覆盖范围伸出墙外，采用共34根黄柏胶合木柱来支撑这些突出部分，增强了建筑造型特征。

（a）主结构钢木混合拱构造模型　　　　　　（b）次结构"木浪"构造模型

（c）屋顶结构室内效果　　　　　　（d）胶合木柱支撑向墙外延伸的屋顶结构

图5-24 列治文奥林匹克椭圆速滑馆

爱德华国王主教教堂（Bishop Edward King Chapel）

【基本信息】

设 计 者：Niall McLaughlin Architects

地理位置：英国，牛津郡

建造时间：2013年

获奖情况：（1）2013年木建筑奖（Wood Award 2013）；

　　　　　（2）2013年RIBA奖；

　　　　　（3）2014年城市信托奖（Civic Trust Awards 2014）。

【建筑特点】

◆ 这是一个以木刚架为结构单元，经巧妙布置形成丰富结构形态的案例。木刚架结构采用了创新的形式，多榀木刚架构件按照椭圆形平面围合布局，刚架在顶端交织，使结构结合成整体；在各个水平方向都实现了良好的受力状态，并营造了结构的形态特征（图5-25）。

◆ 结构形态组合变化，屋顶交错形成对称的菱形格构；光线经由天窗射入，使内部空间随着光线位置、强度的改变，呈现出不同的层次感；木影斑驳，让人仿佛置身山林。

◆ 内部刚架结构体系独立于建筑围护结构，使内部空间层次丰富，气氛安静平和。

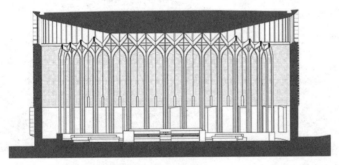

（a）结构剖面图

（b）木刚架主体结构构件的布局

（c）内部空间的层次感

（d）建筑外观

图5-25 英国牛津郡爱德华国王主教教堂

5.4　壳结构

　　壳结构是由几何曲面构成的薄壁空间结构。壳结构整体工作性能好，内力比较均匀，是一种强度高、刚度大、材料省，经济又合理的结构形式。通常将实体壳结构进行格构化处理，便可形成网壳结构。这一结构形式以杆件为基础，按一定规律组成网格，兼具杆系结构和壳体结构的性质。木质网壳结构形式丰富，形态自由，结构表现力强；无论在技术方面，还是在形态方面，都是一种非常适合大跨度，乃至超大跨度的空间结构。多层网壳结构跨度可达100m以上。目前，世界各国已建成众多大型木质网壳结构建筑。

5.4.1　基本类型

　　壳结构可以有多种形式。按几何形态可分为：圆穹壳、椭圆穹壳、筒壳和自由形壳（图5-26）。按建造工艺可分为：实体壳、单层网壳、双层网壳等（表5-3）。

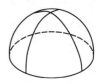

（a）圆穹壳

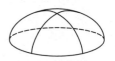

（b）椭圆穹壳

（c）筒壳

（d）自由形壳

图5-26 壳结构按几何形态分类

壳结构按建造工艺分类　　　　　　表5-3

名称	实体壳	单层网壳	双层网壳
简图			
特点	薄而弯曲的穹壁，构造上可采用木材拼接的方式实现	格构类型多样，结构表现力强	当跨度较大时，双层网壳的稳定性和经济性要优于单层格构壳

5.4.2　受力原理

　　在壳体结构体系中，其本身既是承重结构，又是覆盖结构。壳结构的受力来自不同方向，可在较大范围内承受多种分布荷载，而不致产生弯曲。该结构具有受力性能良好、传力路线直接、自重轻等优点。但因壳壁较薄，只适用于均布荷载，而不擅长抵抗集中荷载。[6]

　　壳结构经过格构化处理，形成网壳结构，此时杆件主要承受轴力，结构内力分布比较均匀，应力峰值较小，因而可以充分发挥材料的强度。由于杆件尺寸与整个网壳结构的尺寸差异较大，可把网壳结构近似地看成各向同性或各向异性的连续体。如果杆件布置和构造处理得当，可以具有与薄壳结构相似的良好受力性能。[6]

（*a*）杆式构件+植筋球形节点连接

（*b*）板式构件+金属转接件连接

（*c*）叠置三角形+螺栓锚固

（*d*）叠置六边形+螺栓锚固

（*e*）叠置四边形+螺栓锚固

（*f*）榫卯连接

（*g*）板材+钉连

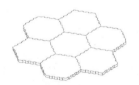

（*h*）板式连接

图5-27 常见木网壳结构形态组合方式示意

5.4.3　设计要点

【推敲整体形态】

　　壳体既是结构体，又是围护体的特点，决定了其整体的结构形态，成为建筑形态建构的最重要决定因素。整体结构形态的确定既要考虑到曲率变化对结构性能的影响；同时，也要考虑建筑与环境关系的营造、建筑体量特征的建构、建筑空间功能的实现等诸多因素对整体形态的影响。木壳结构或规则或自由的丰富几何形态，为创作提供了广阔的空间。

【确定构件类型】

　　相对于钢网壳，组成木网壳的构件单元更加丰富；可以是杆式构件，也可以是板式构件。可以是较小构件，通过密排实现结构作用；也可以是较大构件通过疏松排布完成结构搭建。构件类型的确定需要考虑材料条件、技术限制以及形态特征等多方面因素。

【优化格构形式】

　　对于木网壳而言，其丰富的构件类型和连接方式，使其比钢材等其他材料具有更加丰富的格构形式。建筑师在设计中需要抓住这样的机会，根据现实条件和设计需求，利用个性化的壳体格构变化，丰富屋面结构的视觉层次，突出结构形态的个性化特征。

【建构节点方式】

　　节点是木结构建筑设计的重点，对于数量和重复度极高的木壳结构来说更是如此。不但需要考虑改进木连接节点刚性不强的缺点，而且需要尽可能通过减少节点数量、增强组装便捷性等方法，提高结构的可靠性。同时，节点连接方式应与格构形式相对应，营造整体性突出的结构形态（图5-27）。

5.4.4　代表案例

塔科马体育馆（Tacoma Dome）

【基本信息】

设 计 者：McGranahan, Messenger

建筑规模：穹顶直径 162m，顶部距地面45.7m

地理位置：美国，华盛顿州

建造时间：1983年

【建筑特点】

◆ 这是采用球形单层网壳结构的典型案例。主要受力构件为414根截

（a）穹顶轻巧的外观

（b）穹顶单层网壳结构

（c）细部节点

图5-28 塔科马体育馆

面尺寸为200mm×762mm的胶合木梁。每根胶合木梁均根据穹顶表面的曲线弯曲，通过金属转接件组合成整体。格构化的网壳结构形态轻盈，富有韵律感（图5-28）。[12]

◆ 屋面檩条与曲线形胶合木梁搭接，屋面采用2mm×6mm企口冷杉板覆面。板的内表面覆有声学绝缘板，为比赛场馆提供了剧院般的音响效果和R26级的隔声效果。[12]

◆ 抗震性能优良。2001年，在距离体育馆不到25km的地方发生了里氏6.8级地震，而该体育馆却未发生任何损坏。[12]

◆ 穹顶在拼装的过程中不需要搭建脚手架。首先拼装36根构件，每根构件使用1根木柱作为支撑，与现浇的钢筋混凝土环形圈梁构成自平衡体系；然后进行剩余构件、檩条和屋面板的安装；最后完成屋面的保温层和防水层的铺设施工。[12]

蓬皮杜梅斯中心（Centre Pompidou-Metz）

【基本信息】

设 计 者：坂茂建筑事务所

建筑规模：建筑面积11330m²，最大高度77m

地理位置：法国，梅斯

建造时间：2010年

【建筑特点】

◆ 这是采用长条板形胶合木曲线板条构件形成的具有编织效果的网壳结构。胶合木相比于天然木材具有更可靠的力学性能，且更容易被加工成曲线形态，是这一结构方式能够实现的主要技术因素（图5-29）。

◆ 为满足构件的加固与接合，屋顶结构四周采用了1m高的木梁作为结构的外框。然后把大约200mm高的板条纵横交错起来，每个方向都是由两层的长木板条组成；所以每个交接点是由6层的木板条互相紧扣。[13]这种方式使得连接节点只用简单的螺栓连接便可以完成，整个屋顶非常稳固。

◆ 屋顶采用PTFE物料，白天整座博物馆的外观如同白色的草帽一般；夜晚室内亮灯后，整齐排列的木结构的倒影便呈现在白色的屋顶上。因此，人们可以在不同位置、不同时间以不同的感觉来欣赏建筑结构。[13]

（a）编织网壳屋顶结构

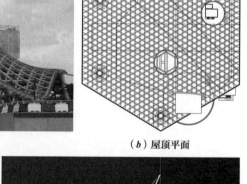

（b）屋顶平面

（c）屋顶结构交错木梁

（d）室外夜景效果

图5-29 蓬皮杜梅斯中心

温莎公园游客中心（The Savill Building）

【基本信息】

设 计 者：Glen Howells Architects

建筑规模：长90m，宽25m，高度10m

地理位置：英国，温莎

建造时间：2006年

获奖情况：英国2006年木材奖金奖等

【建筑特点】

◆ 这是小尺寸截面长条构件通过密集排布和简单连接方式实现壳体结构的案例。该建筑是英国最大的木网壳结构。由于构件尺寸较小，并不需要通过工厂预先加工成弯曲形状，而是通过现场组合，实现整体的屋面曲度。由于不同方向的条形构件是叠置的，所以节点连接同样可以通过螺栓完成（图5-30）。

◆ 建筑材料选用温莎公园内的落叶松和橡木，属于就地取材，与强调建筑与环境和谐关系的建筑创作主题立意相一致。

◆ 建筑屋顶外部是一条流动的曲线，灵感来自于公园内的自然风景；屋顶结构起伏不平，整体形态犹如一片叶子，呼应了建筑周围林木所形成的天际线，具有极强的标志性。在建筑内部，游客同样可以观察到优雅的网壳结构。

（a）屋面木网壳结构

（b）屋面结构起伏的形态

图5-30 温莎公园游客中心

大馆树海体育馆（Ohdate Jukai Dome）

【基本信息】

设 计 者：伊东丰雄建筑事务所

建筑规模：建筑面积23219m²；主轴横跨178m，次轴横跨157m；高52m

地理位置：日本，秋田县

建造时间：1997年

【建筑特点】

◆ 该建筑是双层木网壳的典型案例，仍是目前屋面跨度最大的木结构建筑。屋顶受力结构是由双向胶合木拱和起连接作用的钢构件组合而成的网壳结构，建筑的卵形木结构屋顶曲线是根据棒球的击球轨迹设计的。木材将一种温暖而又舒适的空间感受带入体育馆空间中（图5-31）。

◆ 建筑师采用日式香柏木作为结构材料，将2.5万片胶合木板条连接在一起。结构间采用了钢管、螺栓以及柔性钢拉杆等金属连接构件，大大提高了结构的整体刚度。[14]

◆ 屋面覆面材料为两层四氟乙烯玻璃纤维膜；外层膜厚度为0.8mm，内侧膜厚度为0.35mm。双层膜的设计可以在积雪时通过升高膜间空气温度，加速积雪融化，确保场馆内部的采光。同时，膜材料与木质结构的相互衬托，使屋顶结构形态实现了良好的视觉效果。[14]

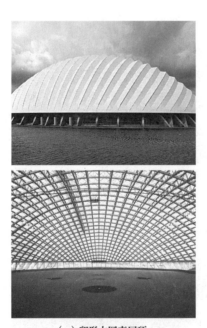

（a）卵形木网壳屋顶　　　　　　　　　（b）节点连接方式

图5-31 大馆树海体育馆

5.5 张弦结构

1986年日本大学斋藤公男教授最先提出张弦梁结构（Beam String Structure），并将其定义为："用撑杆连接压弯构件和抗拉构件而形成的自平衡体系"。[15]十年来，上弦形式多样化发展，从单层发展到双层，从单向发展到双向，"张弦梁"的名称已无法涵盖体系的所有结构，因此出现了"张弦结构"这一新的名称。[16]张弦结构在传统刚性结构的基础上引入柔性的预应力拉索，并施加一定的预应力；从而改变了结构的内力分布和变形特征，优化了结构性能。[17]张弦结构主要由三类构件组成，即上弦压弯构件、下弦受拉构件以及连接两者的撑杆（图5-32）。

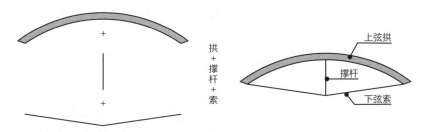

图5-32 张弦结构的基本组成

张弦结构作为一种混合结构，在钢结构和木结构屋盖中都有广泛应用；但是相对而言，在木结构屋盖中的应用更具优势。一是体现于结构方面，张弦结构给予木结构更大的结构效应，可以充分利用木材的抗压性能和钢材的抗拉性能，从而节省木材，减小挠度；二是体现于形态表现方面，钢、木材料的结合和对比，可在一定程度上提升建筑空间的表现力。[18]

5.5.1 基本类型

根据各种张弦结构组成要素、受力原理以及传力机制的不同，张弦结构体系分为平面张弦结构和空间张弦结构。[19]

【平面张弦结构】

平面张弦结构可分为三种基本类型：张拉直梁、张拉拱和张拉"人"字形拱。[20]张拉直梁结构多用于楼面结构和小坡度屋盖结构（图5-33a）；张拉拱结构多用于大跨度屋盖结构（图5-33b）；张拉"人"字形拱结构需要先用索撑构件对两个坡面梁进行加强，形成两个独立的张弦梁，再补加下弦拉索，形成二次张弦梁结构（图5-33c）。三种形式中，张拉拱受力最为合理、美观且富于变化，因此广泛应用于实际工程之中。

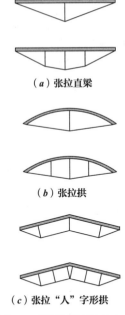

（a）张拉直梁

（b）张拉拱

（c）张拉"人"字形拱

图5-33 平面张弦结构基本类型示意图

【空间张弦结构】

空间张弦结构分为：可分解型空间张弦结构和不可分解型空间张弦结构。

可分解型空间张弦结构是由平面张弦结构组合形成的一种空间张弦结构。由于具有空间受力的特性，一方面提高了结构的承载力，另一方面也解决了平面张弦结构的平面外稳定问题。[19]按照其自身结构布置形式，可分解型空间张弦结构又可细分为双向张弦结构、多向张弦结构和辐射式张弦结构（图5-34）。[20]

不可分解型空间张弦结构不能分解为单榀平面张弦结构。上弦采用空间结构（如网壳、网架、空间桁架体系等），通过合理布置撑杆与下弦柔性索组合，从而构成自平衡结构。不可分解型空间张弦结构刚度大、力流合理。[21]其中，在大跨度木结构屋盖中应用较多的为弦支穹顶结构（图5-35）；此外，还有弦支筒壳结构、弦支拱壳结构、弦支网架结构等。

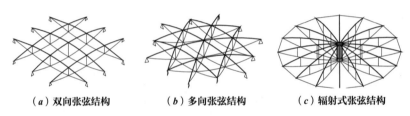

（a）双向张弦结构 　　（b）多向张弦结构 　　（c）辐射式张弦结构

图5-34 可分解型空间张弦结构基本形式示意图

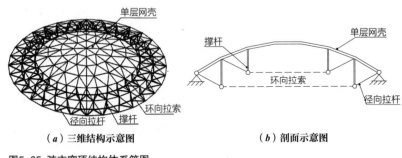

（a）三维结构示意图 　　　　　（b）剖面示意图

图5-35 弦支穹顶结构体系简图

5.5.2 受力原理

张弦结构的受力本质是通过在受拉构件上施加预应力，使上部结构产生反挠度，从而减小荷载作用下的最终挠度，改善上部构件的受力状态；并通过调整受拉构件的预应力，减小结构对支座产生的水平推力，使之成为自平衡体系。[20]在普通的荷载作用下，结构所产生的弯矩由上弦压

图5-36 张弦结构受力原理图

弯构件的压力和下弦预应力张拉构件的拉力所共同产生的等效弯矩来抵抗（图5-36）。

　　与传统的梁、网壳、网架等刚性结构相比，张弦结构优化了力流，提高了效能，其受力更加合理；与索穹顶、索网结构、索膜结构等柔性结构相比，张弦结构具有初始刚度。总之，张弦梁结构的各种构件受力简洁明确，各个拉压构件协同工作，扬长避短，充分发挥了材料的优势。由于综合应用了刚性构件抗弯刚度高和柔性构件抗拉强度高的优点，张弦结构可以做到结构自重相对较轻，体系的刚度和形状稳定性相对较好；因而可以跨越较大的空间。[22]

5.5.3　设计要点

【结构体系】

　　一般来说，在木结构建筑的内部空间高度允许时，可以考虑使用张弦结构体系。张弦结构撑杆的位置和数量是结构体系最主要的因素。一般情况下，撑杆的位置会在上弦受弯构件偏心，或沿中心对称分布布置。撑杆数量的选择对张弦结构的承载力以及挠度均有影响；增加撑杆数量可以有效减少撑杆内力，从而保证撑杆的稳定性；但撑杆增加到一定数量之后，对结构内力和变形的改善作用就不再明显。例如，对于跨度为45m左右的张弦结构，当撑杆数量为4时，上弦构件的正负弯矩抵消，结构的受力比较合理；当撑杆数目大于5之后，结构的位移和内力变化相对较小。[23]实际工程中的撑杆数量应该根据实际跨度、结构稳定及建筑效果而定。

【构件选择】

　　张弦结构的竖向撑杆是结构的重要组成部分，可为上弦结构提供弹性支点；少数张弦结构会通过调节撑杆的长度来施加索的预应力。撑杆的形式主要包括直立形撑杆、"V"形撑杆、三角形（梯形）撑杆和四叉形撑杆（表5-4）。[24]设计时主要根据撑杆与上弦结构的可连接面积以及结构的形态构思来确定。在索的非连接节点部位也可以设置预应力调节装置，但在视觉上会形成一定的不利影响。

张弦结构常见撑杆形式   表 5-4

撑杆形式	直立形撑杆	"V" 形撑杆
示意图		
工程代表实例		
	英国谢菲尔德博物馆顶棚	北萨里冰雪体育综合体顶棚
撑杆形式	三角形（梯形）撑杆	四叉形撑杆
示意图		
工程代表实例		
	加拿大温哥华某建筑入口雨篷	加拿大温哥华 Gilmore 天车站顶棚

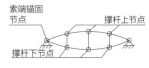

图5-37 屋盖木结构张弦节点类型

【细部节点】

　　屋盖张弦节点按照所在部位划分为三种类型：撑杆上节点、撑杆下节点和索端锚固节点（图5-37）。撑杆上节点的设计需保证预应力能够通过撑杆传递给上部压弯构件；同时，上部压弯构件的荷载也能通过撑杆传递给下部张拉构件，使其协同工作。[25]图5-38为撑杆上节点的常见做法。相对来讲，另外两类节点的设计难度更大。

　　撑杆下节点在位置上具有不同程度的中心性，常常是建筑造型中着重表现的位置。同时，索与该节点的连接也有不同方式：有各方向索均锚固在此节点的方式，其中少量节点会通过螺栓来调节索的预应力；也有穿套式的方式，要保证索体光滑通过节点，避免节点内部及端部形成"折点"。[25]图5-39为撑杆下节点的常见做法。

（a）Rock Community
Church

（b）Bryanston 学校

（c）Spring Ranch

图5-38 撑杆上节点常见案例

（a）苏格兰议会大厦

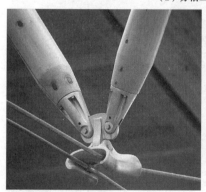
（b）萨里中心

（c）Rock Community Church

图5-39 撑杆下节点常见案例

　　索端锚固节点设在屋盖结构的根部，常常与梁柱的连接节点结合，形成形式感更加复杂的节点（图5-40），并且预应力的调节装置多数都选择设在这里。设计时需充分调节构造，避免局部应力集中或弯矩过大等不利因素。[26]

图5-40 罗利-达勒姆国际机场索端锚固节点

5.5.4 代表案例

罗利-达勒姆国际机场（Raleigh-Durham International Airport）

【基本信息】

设 计 者：Fentress Architects

建筑规模：84000m²

地理位置：美国，北卡罗来纳州韦克县

建成时间：2011年

【建筑特点】

◆ 这是张弦拱大跨结构的典型案例，世界上第一个采用张弦木结构建造的机场。拱由胶合木制成，钢撑杆和钢拉索与拱共同完成张弦结构。结构形式简洁、清晰，形态轻盈（图5-41）。

◆ 航站楼的形式反映了北卡罗来纳州的特色，隐喻了皮埃蒙特地区连绵起伏的丘陵地形；木质材料更好地实现了这一设计意图。

◆ 与裸露的金属结构不同，木质张弦梁给人以温暖的感觉，使空间更加人性化，为旅客带来舒适感。

图5-41 罗利·达勒姆国际机场不同形式的张弦木拱结构

萨里中心城（Surrey Central City）

【基本信息】

设 计 者：Bing Thom Architects

建筑规模：92903m²

地理位置：加拿大，不列颠哥伦比亚省萨里

建成时间：2002年

获奖情况：2004年英国结构工程师学会特别奖

【建筑特点】

◆ 该建筑是通过张弦结构突出了空间特色的典型案例。Galleria Roof和Atrium Roof两个中庭，通过两个不同形式又具形态相似性的张弦结构屋盖，构筑了"中心"空间的特色。

◆ Galleria Roof结构由20檩独立的三维复合张弦木桁架组成。每个桁架都有一个独特的几何形状，由"人"字形木梁、交叉木撑杆和钢拉索构成；横截面不断地变化（图5-42）。屋顶富有表现力的自由形式骨架结构覆盖了梭形屋面，类似于扣置的船体，并向购物中心的一侧开放；结合梭形天窗，实现了技术、功能与视觉的有机结合。

◆ Atrium Roof设计了造型独特的倒锥形形态；它由8根木杆件、10根钢索和端部的倒锥形钢构件组成。这个巨大的钢构件将木杆件下端聚拢在一点，并与四周斜拉的钢索连接，保持了力的平衡（图5-43）。Atrium Roof独立的锥形节点不仅出于结构技术理性设计的需要，同时作为一种空

（a）梭形屋盖　　　　　　　　　　　　　（b）张弦木桁架

图5-42 萨里中心城Galleria Roof

（a）倒锥形节点　　　　　　　　　　　（b）倒锥形节点细部

图5-43 萨里中心城Atrium Roof

间表现元素，充分展现了自身构图形式的完美；并对应其上方布置的圆形天窗，强调了这个节点在空间造型中的统领地位。

出云穹顶（Izumo Dome）

【基本信息】

设 计 者：斋藤公男

建筑规模：穹顶直径143.8m，拱顶部高度48.9m

地理位置：日本，岛根县出云市

建成时间：1992年

【建筑特点】

◆ 这是第一个采用木质拱壳结构与钢索组合的空间张弦结构的建筑案例。结构跨度约为143m。立体张弦结构骨架沿球面等分为36份，在穹顶顶部汇集。每个骨架的上弦由2根273mm×914mm木材拼成，通过销铰与"H"形截面的钢圆环连接（图5-44a）。骨架的外表覆盖以白色膜材，在两个骨架之间用稳定钢索把薄膜向下压紧，形成"V"形，使得膜材保持足以承受风吸荷载的稳定形态。

◆ 采用顶升施工法，在地面完成单元化组装；减少了高空作业，提高了施工效率。其具体做法是：先在地面上把每个单元的拱和张弦的索杆组合好，然后在穹顶中央用机械缓慢顶起，随之拱脚向内移动；待结构提升就位后，锁定拱顶节点的第2个销轴以及拱脚支座，整体结构便稳定牢固了（图5-44b）。[27]

◆ 穹顶的上弦木质骨架是以折面形式拟合曲面形式。从外部看，薄膜屋盖上粗壮的骨架若隐若现（图5-44c）。在内部，结构既表现出木质骨架的柔和感，又因使用张弦结构提高了拱壳的刚度；在风雪、地震等非对称荷载作用下，也有很好的承载能力（图5-44d、图5-44e）。

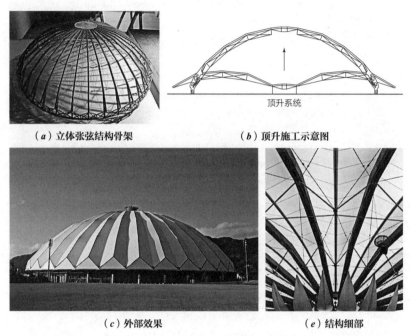

（a）立体张弦结构骨架　　　　（b）顶升施工示意图

（d）内部效果

（c）外部效果　　　　（e）结构细部

图5-44　出云穹顶

思考题

1．适合大跨木结构的主要结构形式有哪些？

2．木结构中桁架、拱与刚架、网架形式的受力特点分别是什么？

3．张弦结构的构成、类型以及应用于木结构的优势？

参考文献

[1]　中国大百科全书总委员会《建筑　园林　城市规划》委员会．中国大百科全书：建筑　园林　城市　规划[M]．北京：中国大百科全书出版社，1992．

[2]　茅以升．中国古桥技术史[M]．北京：北京出版社，1986．

[3]　唐寰澄．中国木拱桥[M]．北京：中国建筑工业出版社，2010．

[4]　方拥．虹桥考[J]．建筑学报，1995（11）：55-60．

[5]　方拥．论材料与结构的搭配[J]．建筑学报，2005（01）：17-20．

[6]　何益斌．建筑结构[M]．北京：中国建筑工业出版社，2005．

[7]　潘景龙，祝恩淳．木结构设计原理（第二版）[M]．北京：中国建筑工业出版社，2009：342．

[8]   中华人民共和国住房和城乡建设部. GB50005-2017木结构设计标准[S]. 北京：中国建筑工业出版社. 2017.

[9]   冯铭. 木结构与木构造在建筑中的应用[M]. 南京：东南大学出版社，2015.

[10]   于一平. 建筑艺术与景观园艺的完美结合——英国谢菲尔德市中心冬园温室[J]. 世界建筑，2006（7）.

[11]   加拿大木结构公共建筑——列治文冬奥会椭圆速滑馆[J]. 国际木业，2014.

[12]   保罗·C. 吉尔汉姆. 塔科马穹顶体育馆——成功的木构多功能赛场的建设过程[J]. 世界建筑，2002（9）：80-81.

[13]   JODIDIO P, BAN S, JODIDIO P. Shigeru Ban: complete works 1985-2010 [M]. Cologne：Taschen, 2010.

[14]   日本建築学会. ドーム構造の技術レビュー[M]. 東京：日本建築学会出版社，2002.

[15]   Saitoh M. Role of string-aesthetics and technology of the beam string structures [J]. Proceeding of the LSA98 Conference "Light Structure in Architecture Engineering and Construction", 1998: 692-701.

[16]   张毅刚. 张弦结构的十年（一）——张弦结构的概念及平面张弦结构的发展[J]. 工业建筑，2009（10）：105-113.

[17]   陈志华. 张弦结构体系研究进展及发展展望[J]. 工业建筑，2015（08）：1-9.

[18]   徐洪澎，周亦慈，郭楠. 屋盖木结构张弦节点的类型与表现研究[J]. 城市建筑，2019，16（07）：182-188.

[19]   陈志华. 弦支结构体系研究进展[J]. 建筑结构，2011，41（12）：24-31.

[20]   陈志华，荣彬，孙国军. 弦支结构体系概念与分类[J]. 工业建筑，2010，40（08）：1-5.

[21]   陈志华. 弦支穹顶结构研究进展与工程实践 [J]. 建筑钢结构进展，2011（05）：15-24.

[22]   代江红. 张弦梁的结构特点及有关研究[J]. 中国招标，2010（46）：48-52.

[23]   朱先伟，刘伟庆，陆伟东. 张弦胶合木结构弯曲性能参数化分析[J]. 林业实用技术，2012（07）：60-62.

[24]   丁洁民，钱锋，张峥. 大跨度张弦结构体系的应用创新和一体化设计研究[J]. 建筑师，2015（02）：80-87.

[25]   陈志华. 张弦结构体系[M]. 北京：科学出版社，2013.

[26]   肖洪. 大跨张弦梁结构特点及施工方法[J]. 铁道建筑技术，2012（09）：13-16.

[27]   斋藤公男. 空间结构的发展与展望:空间结构设计的过去·现在·未来[M]. 北京：中国建筑工业出版社，2006.

图片来源

图5-1（a）：甘肃文县石坊乡合作化桥：拍摄者陈亮

甘孜藏族自治州新龙县乐安乡波日桥：https://upload-images.jianshu.io/upload_images/10949042-70c6a737495195aa.jpg

湖南醴陵渌江桥：http://www.sohu.com/a/214487459_99911572

图5-1（b）：泰顺木拱廊桥：https://pp.fengniao.com/9823256.html

甘肃渭源灞陵桥：https://pp.fengniao.com/9340976_2.html

图5-1（c）四川灌县都江堰安澜桥：https://pp.fengniao.com/9607982_4.html

图5-4：https://parismuseescollections.paris.fr/fr/musee-carnavalet/oeuvres/la-grande-salle-des-pas-perdus-du-palais-de-justice-0#infos-principales.

图5-5：https://travelguide.michelin.com/europe/france/centre/loiret/saint-benoit-sur-loire/chateau-sully-sur-loire.

图5-6：https://www.timeout.com/london/blog/18-things-you-probably-didnt-know-about-the-palace-of-westminster-111416.

图5-7：https://www.queens.cam.ac.uk/visiting-the-college/history/college-facts/mathematical-bridge.

图5-9：https://collectionapi.metmuseum.org/api/collection/v1/iiif/363481/779270/main-image.

图5-11：冯铭. 木结构与木构造在建筑中的应用[M]. 南京：东南大学出版社，2015.

图5-12（a）~（c）：https://structurecraft.com/projects/guildford-aquatic-centre.

图5-13、图5-15、图5-19、图5-20　参照绘制：潘景龙，祝恩淳. 木结构设计原理（第二版）[M]. 北京：中国建筑工业出版社，2019.

图5-23（a）：http://support.sbcindustry.com/Archive/2004/jun/Paper_178.pdf?PHPSESSID=ju29kfh90oviu5o371pv47cgf3.

图5-25（a）~（c）：https://www.trada.co.uk/case-studies/bishop-edward-king-chapel-cuddesdon-oxfordshire/.

图5-28（a）：http://www.spsplusarchitects.com/tacoma-dome.html.

图5-28（b）：https://www.seattletimes.com/entertainment/music/tacoma-dome-shutting-down-this-summer-for-30-million-renovation/.

图5-28（c）：https://www.tacomadome.org/plan-your-visit/transportation.

图5-29（a）：https://www.peri.com/en/projects/cultural-buildings/centre-pompidou.html#&gid=1&pid=1.

图5-29（c）、（d）：https://www.archdaily.com/490141/centre-pompidou-metz-shigeru-ban-architects?ad_source=sear ch&ad_medium=search_result_all.

图5-30（a）左图：http://glennhowells.co.uk/project/savill-building/.

图5-31（a）：https://www.archdaily.com/348732/ad-classics-odate-dome-toyo-ito.

图5-31（b）：https://www.wooddays.eu/it/architecture/projekt/detail/odate-jukai-dome-park/.

图5-33：参照绘制：白正仙，刘锡良，李义生. 新型空间结构形式——张弦梁结构[J]. 空间结构，2001（02）：33-38.

图5-34：参照绘制：陈志华. 张弦结构体系研究进展及发展展望[J]. 工业建筑，2015（08）：1-9.

图5-35：陈志华. 张弦结构体系[M]. 北京：科学出版社，2013.

图5-36：参照绘制：斋藤公男. 空间结构的发展与展望:空间结构设计的过去·现在·未来[M]. 北京：中国建筑工业出版社，2006.

图5-38（a）：https://www.cyleearchitect.com/projects/ins-4/photos/7.jpg.

图5-38（b）：https://woodawards.com/portfolio/bryanston school-the-tom-wheare-music-school/.

图5-38（c）：https://arqa.com/arquitectura/spring-ranch.html.

图5-39（a）：https://www.archdaily.com/111869/adclassics-the-scottish-parliament-enric-miralles.

图5-39（b）：https://reveryarchitecture.com/app/uploads/2013/02/CentralCity_10.jpg.

图5-39（c）：https://www.cyleearchitect.com/projects/ins-4/photos/7.jpg.

图5-40：https://www.architectmagazine.com/project-gallery/raleigh-durham-international-airport-terminal-c.

图5-41：http://www.lampartners.com/portfolio/raleigh-durham-international-airport/.

图5-44（a）：日本建筑学会. 建筑结构创新工学[M]. 上海：同济大学出版社，2015.

图5-44（b） 参照绘制：斋藤公男. 空间结构的发展与展望：空间结构设计的过去·现在·未来[M]. 北京：中国建筑工业出版社，2006.

图5-44（c）：https://structurae.net/en/structures/izumo-dome.

图5-44（d）：https://i.pinimg.com/originals/af/63/24/af632447b135d385620507c70890fe61.jpg.

图5-44（e）：http://www.airdome.co.kr/php/board.php?board=gallery3&command=body&no=87.

第 6 章

高层木结构建筑

　　高层建筑是木结构近些年来新的应用领域，在人文、生态与技术并重的时代背景下，具有非常重要的现实意义。本章知识点主要包括：高层木结构建筑的发展概况、建造优势和设计原则；木框架剪力墙结构体系、正交胶合木剪力墙结构体系、巨型木桁架结构体系，以及木混合结构体系的受力状况、设计要点和代表案例；同时，阐述了高层木结构建筑的未来发展趋势。

6.1 概述

根据《多高层木结构建筑技术标准》GB/T 51226-2017对木结构建筑的分类，规定建筑高度大于27m的木结构住宅建筑、建筑高度大于24m的非单层木结构公共建筑和其他民用木结构建筑为高层木结构建筑。住宅建筑按地面上的层数分类时，4～6层为多层木结构住宅建筑，7～9层为中高层木结构住宅建筑，大于9层为高层木结构住宅建筑。[1]

6.1.1 发展概况

高层木结构建筑并非全新的建筑形式，在世界建筑史中已经存在了近十个世纪（图6-1）。山西应县木塔（见表1-1），又称山西应县佛宫寺释迦塔、应州塔，建于辽代（1056年），高约67m；直至2019年，此塔仍是世界上现存最高的木结构建筑，标志着我国古代木建筑的辉煌成就。[2]侗族鼓楼是侗乡具有地域文化特色的典型建筑；以木凿榫衔接，不用一钉一卯，结构严密坚固，可达数百年不腐。中国历史上最高的侗族鼓楼，位于贵州省榕江县车江三宝千户侗寨中部；始建于清道光年间，咸丰至同治年间被毁，光绪十七年（1891年）重建。建筑高约35.18m，共21层。

在西方历史中，高层木结构主要被应用于教堂建筑中。代表性建筑是位于俄罗斯奥涅加湖基日小岛上的纯木质教堂"基日乡村教堂"。这座建筑拥有150多年的历史。建筑高约37.4m，墙体均为由原木搭建的井干式结构，很可能是现存世界最高的井干式木结构建筑。虽经历过一些改建，但仍沿用了纯木结构；因此，1990年该教堂被联合国教科文组织列为世界遗产。

自19世纪末以来，高层建筑主要采用混凝土和钢材建造。这两种材料虽然具有良好的结构性能；但是随着人们对环境问题的日益关注，以及建筑材料等技术的突破，现代高层木结构建筑开始出现。第一座现代高层木结构建筑是2009年建于英国伦敦的Murray Grove大厦。[3]此后，高层木结构建筑在北美、北欧、澳大利亚等地区迅速发展，建筑高度不断增加，结构

（a）贵州榕江县侗族鼓楼　　　　　　　　（b）俄罗斯基日乡村教堂

图6-1 古代高层木结构建筑代表案例

体系不断更新（表6-1）。截至2019年，全球已建成的高层木结构建筑中，层数最多的是奥地利维也纳的HOHO大厦，建筑层数24层；高度最高的是挪威的Mjstrnet大厦，建筑高度85.4m。中国于2017年10月1日正式颁布《多高层木结构建筑技术标准》GB/T 51226—2017，这也让中国成为继加拿大、美国、欧洲、澳大利亚之后，又一个允许木结构应用于高层建筑的国家。

全球已建成的部分高层木结构建筑（7层及以上）　　　　　　表 6-1

建筑名称	城市	国家	层数	结构体系	建成日期
柏林 E3	柏林	德国	7	混合（钢材）	2008
Wagramer 大街公寓	维也纳	奥地利	7	混合（混凝土）	2013
Tamedia 公司办公楼	苏黎世	瑞士	7	全木材	2013
印度之家	巴黎	法国	7	混合（混凝土）	2013
国王之门大厦	伦敦	英国	7	全木材	2014
木构创意设计中心	乔治王子城	加拿大	7	全木材	2014
T3 大楼	明尼阿波利斯	美国	7	全木材	2016
避难所	格拉斯哥	英国	7	全木材	2017
Stadthaus 公寓	伦敦	英国	9	全木材	2009
Limnologen 公寓	韦克舍	瑞典	8	混合（混凝土）	2009
木·8 大楼（H8）	巴特艾布灵	德国	8	全木材	2011
生命循环大厦 1 号楼	多恩比恩	奥地利	8	混合（混凝土）	2012
海滨公园大厦	斯德哥尔摩	瑞典	8	全木材	2014
孚日圣迪耶大楼	孚日圣迪耶	法国	8	全木材	2014
Bridport 住宅	伦敦	英国	8	全木材	2014
木刻住宅单元	于韦斯屈莱	芬兰	8	全木材	2015
乔木林公寓	蒙特利尔	加拿大	8	全木材	2016
"变换轮廓"社会住宅	米兰	意大利	9	全木材	2013
50 学生公寓	特隆赫姆	挪威	9	全木材	2016
达尔斯顿南广场	伦敦	英国	9	全木材	2017
Lagerhuset 公寓	埃斯勒夫	瑞典	10	全木材	2008
Forté 公寓	墨尔本	澳大利亚	10	混合（混凝土）	2013
温洛克十字 / 立方体住宅	伦敦	英国	10	混合（钢材）	2015
Trafalgar 住宅	伦敦	英国	10	全木材	2015
榕树码头公寓	伦敦	英国	10	全木材	2015

建筑名称	城市	国家	层数	结构体系	建成日期
25 King 大厦	布里斯班	澳大利亚	10	全木材	2018
框架大厦	波特兰	美国	12	混合（钢材）	2017
起源大厦	魁北克	加拿大	13	全木材	2017
Treet 木构高层住宅	卑尔根	挪威	14	全木材	2015
UBC 大学 Brock Commons 木结构高层学生公寓	温哥华	加拿大	18	混合（混凝土）	2017
Mjstrnet 大厦	布鲁姆蒙德	挪威	18	全木材	2019
HOHO 大厦	维也纳	奥地利	24	混合（混凝土）	2018

6.1.2 建造优势

高层木结构建筑不但保持了木结构建筑的自身优势，而且因规模更大使其建造价值更加突出。

【生态优势更加突显】

对于建材消耗量巨大的高层建筑来说，木材吸收和存储的碳量非常可观；采用可再生的木材，建筑整个生命周期可实现负碳排放。据研究，如果一座城市中的高层木结构建筑占有一定比例，对于改善城市生态环境具有重大意义。

【装配化建造优势更加突出】

木结构的装配化优势体现在多个方面。对于高层建筑来说，木结构在减少工地环境污染和快速建造方面，更能体现出其价值。高层建筑多处于城市中心区，装配式木结构的建造无需湿作业，噪声干扰小；现场只进行组装，每一层的建造可以节省不少时间，累积起来对于整体建造时间的缩短更为可观。

【自重轻的优势更为显著】

高层建筑设计的主要挑战在于结构，木结构自重轻，天然有利于抗震。同时，可以大为降低对基础的要求；尤其在地基条件不太理想时，选择木结构建造高层建筑，其基础无论在技术难度，还是在节省造价方面，优势都非常突出。

【建设造价处于可接受范围】

加拿大Brock Commons木结构高层学生公寓的建筑造价，同比钢筋混凝土建筑大约多出20%。但是考虑到缩短工期带来的提前6个月投入使用，以及作为开拓性的实验性建造项目，除去在过程中论证与试验成本的额外投入，高层木结构的建筑造价尚在可接受范围，并不是其发展的主要制约因素。

6.1.3　设计原则

高层建筑的水平荷载在结构上表现为随着高度和长细比的增加而逐渐增强。为了实现高层木结构建筑更好、更快的发展，在设计过程中需要注意以下问题。

【注重结构选型】

根据规范，高层木结构建筑的结构形式分为三类（表6-2）：一是纯木结构。其中正交胶合木（CLT）剪力墙结构，由于没有明显的受力薄弱方向，具有抗侧能力强、尺寸稳定性好的优点。二是上下混合木结构。当上部为木框架结构时，为增强结构稳定性，通常采用加入斜撑的方式。三是混凝土核心筒结构。在该结构体系中，混凝土核心筒主要承担水平荷载，木结构部分主要承担竖向荷载。

高层木结构建筑适用结构类型、总层数和总高度[1]　　　　表 6-2

结构体系		木结构类型	抗震设防烈度									
			6 度		7 度		8 度				9 度	
							0.20g		0.30g			
			高度（m）	层数	高度（m）	层数	高度（m）	层数	高度（m）	层数	高度（m）	层数
纯木结构		木框架剪力墙结构	32	10	28	8	25	7	20	6	20	6
		正交胶合木剪力墙结构	40	12	32	10	30	9	28	8	28	8
木混合结构	上下木混合结构	上部木框架剪力墙结构	35	11	31	9	28	8	23	7	23	7
		上部正交胶合木剪力墙结构	43	13	35	11	33	10	31	9	31	9
	混凝土核心筒结构	纯框架结构	56	18	50	16	48	15	46	14	40	12
		木框架支撑结构										
		正交胶合木剪力墙结构										

【做好防火设计】

防火问题是高层木结构建筑设计的重点和难点。在已建成的案例中，高层木结构建筑防火设计主要有两种方式：一是在木质材料外铺设防火石膏板等的构造防火方式。这种方式在当前高层木结构建筑中使用最多，既能提高结构的防火性能，又能保护木材内部。二是利用加大木构件截面尺寸，预留抗燃烧炭化层的木材自身防火方式。这种方式适用于大尺寸的木构件，可以外露木构件，从而展现木结构的材质特征。

【提升节点稳定性】

高层木结构建筑中的木构件均为工厂预制生产，因此安装过程中节点的连接方式和强度很大程度上决定了整体结构的稳定性。在节点设计过程中，首先，要根据木结构的材料、结构体系和受力部位，选择最合理的节点连接形式；其次，节点连接应便于制作、安装，并应使结构受力简单、传力明确；最后，对于外露的连接节点，应考虑建筑细部的美观，表现现代木结构精致化的艺术特征。

【强化材质表现力】

从已经建成的高层木结构建筑来看，建筑形态与空间的材质特征表现力普遍不够突出。主要是出于防火的考虑，暴露木质结构的设计需要大量性能化设计、实验与论证，会造成时间与造价成本的大幅升高；因此，高层建筑的木结构部分基本都做了包覆式的防火构造保护。但是这种做法并非不可突破，设计中应尽量创造设置木质界面和暴露结构的机会，以充分发挥木构建筑的视觉表现优势。

6.2 木框架剪力墙结构体系

木框架剪力墙结构体系是指采用梁柱作为主要竖向承重构件，以剪力墙作为主要抗侧力构件的纯木结构体系（图6-2）。[1]剪力墙主要集中分布于电梯井、管道井区域；多采用正交胶合木墙体，或者类似轻型木结构的墙骨柱结合覆面结构板材的墙体。木框架包括胶合木梁和柱，均匀分布于剪力墙周围。

6.2.1 受力状况

与木框架结构体系不同，在地震力作用下，剪力墙与木框架共同抵抗水平荷载和竖向荷载，并最终传递至基础（图6-3）。在水平荷载作用下，剪力墙与木框架分别呈现出弯曲型和剪切型变形特征。由于楼板的连接作用，两者的侧向位移得以协调；结构底部框架的侧向位移和上部剪力墙的

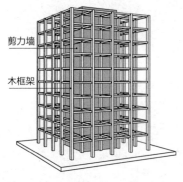

图6-2 木框架剪力墙结构三维模型示意图　　　图6-3 木框架剪力墙结构受力状况

侧向位移均会减小，从而层间位移沿建筑高度的分布趋于均匀；侧向位移呈现出弯剪型特征。因此，整体结构更加有利于发挥建筑结构的抗震性能。

6.2.2　设计要点

【结构布置】

剪力墙宜沿平面横向和纵向均衡布置，并且上下贯通，形成核心筒，以增加结构的稳定性和抗震能力。同时围合的空间可作为电梯间、楼梯间或竖向管道井等空间。木框架需均匀布置在剪力墙周围，并且上下楼层的位置应尽可能保持一致。

【平面布局】

建筑平面宜简单、规则。与混凝土框架剪力墙相比，木材自身刚度较弱，当柱间距增大时，所需梁的截面尺寸也随之增大，不利于内部空间的使用。因此，考虑最经济的条件，木框架剪力墙结构体系的柱网尺寸一般不超过6m×6m。

【适用范围】

木框架剪力墙结构兼具剪力墙结构和框架结构的优点，不仅具有较高的抗侧刚度、抗弯强度和抗震性能；同时，建筑平面布置较为灵活，既适用于高层办公、酒店等公共建筑，也适用于公寓、住宅等居住建筑。

6.2.3　代表案例

木构创意设计中心（Wood Innovation and Design Center）

【基本信息】

建 筑 师：迈克尔·格林建筑事务所（Michael Green Architects）

建筑层数：7层（首层为混凝土，2~7层为纯木结构）

建筑高度：29.5m

建筑面积：4820m²

地理位置：加拿大，不列颠哥伦比亚省乔治王子市哥伦比亚大学（UNBC）

建成日期：2014年

【建筑特点】

◆ 建筑主体结构为胶合木（Glulam）框架+正交胶合木（CLT）核心筒。虽然纯木结构部分只有6层，但是由于CLT核心筒极大地增强了结构的抗侧和抗弯性能，因此结构中出现了夹层和局部两层通高的楼层，建筑高度相当于一座9层的建筑（图6-4）。[4]

◆ 建筑底层和基础采用钢筋混凝土材料，有利于提高建筑的整体刚

（a）木材与玻璃结合的建筑外观

（b）集成材梁柱框架结构

图6-4 建筑外观与内部实景图

度。上部结构全部使用工程木建造；不仅减轻了建筑自重，同时增加了建筑的整体柔度，有利于提高建筑结构的抗震性能。

◆ 建筑主体结构使用的木材包括：旋切板胶合木（LVL）、正交胶合木（CLT）、层叠木片胶合木（LSL）和层板胶合木（GLT）。[5]全部木构件均为工厂预制化生产后现场安装（图6-5）。

◆ 建筑的木框架系统采用连续式结构。梁与柱的连接节点采用一种特殊的榫接连接件，将梁连接到柱子的侧面。柱与柱之间采用植筋的连接方式，将套筒提前插入柱中，再用螺纹杆和钢垫板连接上下两层柱。最后用木塞填充检修孔，隐藏构件（图6-6）。

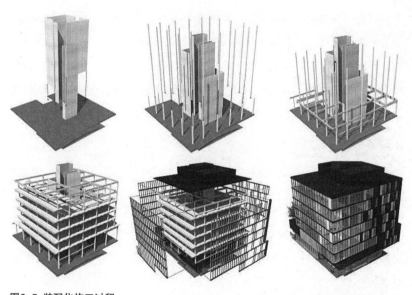

图6-5　装配化施工过程

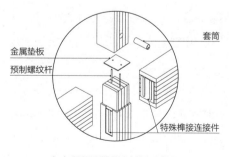

金属垫板
预制螺纹杆
套筒
特殊榫接连接件

（a）梁柱连接节点拆解示意图

（b）特殊榫接连接件

（c）柱底隐藏连接件

图6-6　梁柱连接节点

6.3 正交胶合木剪力墙结构体系

CLT
楼板
CLT
剪力墙

图6-7 正交胶合木剪力墙结构三维模型示意图

正交胶合木剪力墙结构体系是指采用正交胶合木（CLT）剪力墙作为主要受力构件，抵抗结构竖向荷载和水平力的纯木结构体系（图6-7）。[1] CLT剪力墙具有较高的强度和刚度，能同时抵抗水平荷载和竖向荷载。相较于木框架剪力墙结构，CLT剪力墙的整体性更好，具有更好的抗震性能，并且理论上也能实现更高的建筑高度。

6.3.1 受力状况

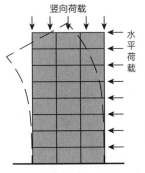

竖向荷载

水平荷载

图6-8 正交胶合木剪力墙结构受力状况

区别于木框架剪力墙结构，当剪力墙的高宽比增大时，剪力墙相当于一个以受弯为主的竖向悬臂构件。因此，在水平荷载的作用下，水平位移呈现弯曲型特征，即层间位移随层高的增加而逐渐增大（图6-8）。然而，相比于混凝土剪力墙结构，由于木材在刚度上的自然缺陷，加之连接节点难以达到完全刚度，导致剪力墙之间的连接减弱。因此，CLT剪力墙的受力性能较混凝土剪力墙差。

6.3.2 设计要点

【平面布置】

平面布置宜简单、规则。剪力墙宜沿两个主轴方向或其他方向双向布置，不应采用仅单向有剪力墙的结构布置方式。同时，剪力墙宜贯通全高，沿高度方向连续布置，并保证上下层剪力墙位置对应，以避免刚度突变。

【适用范围】

由于木构件为工厂预制化生产，在一定程度上限制了楼板跨度；导致建筑内部的墙体较多，平面布局不够灵活，难以满足很多公共建筑类型对空间的要求。因此，该结构体系多用于住宅、公寓等高层居住建筑。

【构件连接】

结构中相邻构件、板件及基础之间的连接，一般采用钉连接或钢板连接（表6-3），节点隐蔽、便于拆装。其中剪力墙与楼板的连接方式又分为水平式和垂直式。每个节点应在满足力学要求的同时，兼顾美观和经济。

CLT 剪力墙与 CLT 楼板的基本连接方式　　　表 6-3

墙体与楼板连接	水平式连接节点
	垂直式连接节点
墙与墙转角连接	外墙转角的连接方式　　外墙与内墙的连接方式

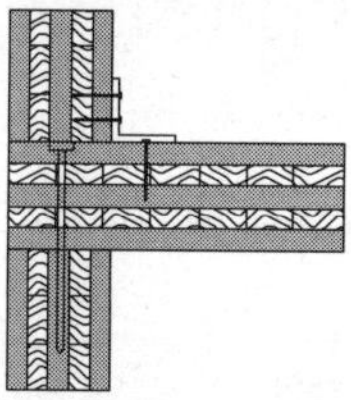

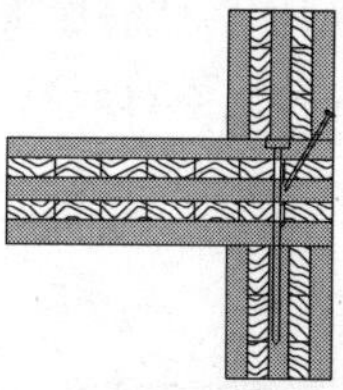

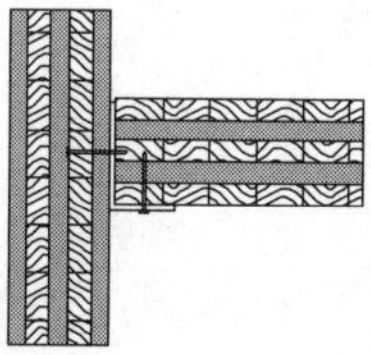

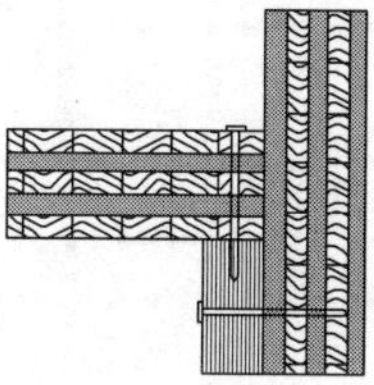

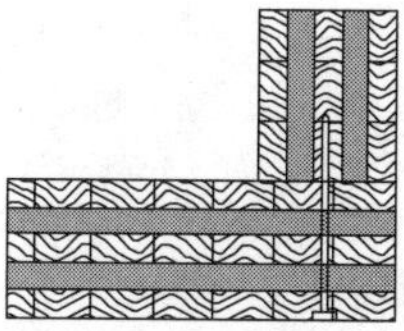

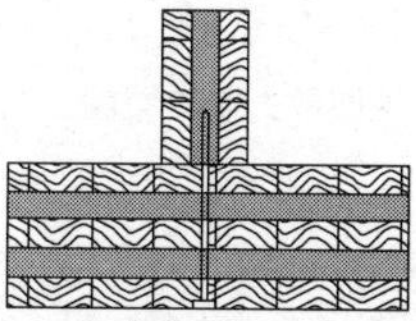

6.3.3　代表案例

Stadthaus公寓

【基本信息】

建 筑 师：Waugh Thistleton建筑事务所

建筑层数：9层（2~9层为纯木结构）

建筑高度：29.75m

建筑面积：2750m²

地理位置：英国，伦敦斯塔特豪斯

建成日期：2009年

【建筑特点】

◆ 该建筑结构的所有墙体、楼板，包括电梯和楼梯井道全部由CLT板材建造（图6-9、图6-10），提供结构的竖向承载力和抗侧承载力。整座建筑的建造速度很快，相关研究表明这座建筑在其全生命周期内可储存186t碳。

◆ 建筑物外部饰面图案是基于周围建筑物和树木的阴影投射在建筑上的效果设计的（图6-11）。这是一种假石板产品，主要成分是木浆，大大节省了其碳排放量。虽结构不外露，但保证了完整性。

◆ 结构构件的连接十分简洁，斜钉是这座建筑中常见的连接方式。CLT板间的竖向拼缝均采用钉连接。当CLT板承担较大荷载时，还需用长螺钉局部加强，或通过加设钢构件来保证结构的抗震性能（图6-12）。

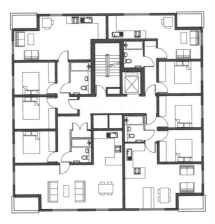

图6-9 平面剪力墙布置图

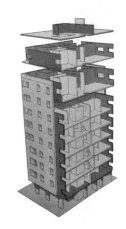

图6-10 三维剖透视图

（a）整体　　　　　　　　　　（b）局部

图6-11 建筑外观

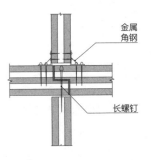

图6-12 CLT板间连接节点

6.4　巨型木桁架结构体系

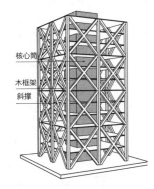

图6-13 巨型木桁架结构三维模型示意图

巨型木桁架结构是高层木结构建筑中的一种新颖的结构体系，是由胶合木框架和斜撑构成的空间桁架结构（图6-13），所需的木构件具有很大的截面尺寸。虽然规范中并没有将其作为一类结构体系详细介绍，但是众多案例证明该结构体系不仅能优化木框架结构的受力方式，实现更加灵活的内部空间；同时外露的巨型木构件能够突出木材的结构张力和空间表现力。因此，该结构体系也是未来高层木结构建筑的一类发展方向。

6.4.1　受力状况

巨型木桁架结构体系中胶合木框架和斜撑具有很高的抗侧刚度和承载力，承担主要的竖向荷载和水平荷载；楼板的作用是将楼层的竖向荷载传递至空间桁架结构。该结构体系可以抵抗任何方向的水平力，水平力产生的层剪力受到支撑斜杆的轴向力抵抗，可最大限度地利用材料（图6-14）。

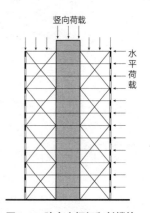

图6-14 胶合木框架和斜撑协同的受力状况

6.4.2　设计要点

【结构布置】

巨型桁架结构以外部桁架作为主要受力构件，内部梁柱起辅助作用；因此，能够满足许多具有特殊形态和使用功能的平面设计要求，可适用于多种建筑类型。设计中应尽可能最大限度地释放建筑内部空间。

【形象强化】

区别于木框架结构，巨型桁架的尺寸能够带来更强的视觉冲击力和结构表现力。因此，在设计中不仅要强化其特殊的结构特征，通过外露结构构件，表达木材的特质；同时，要减少或尽量避免桁架斜杆对室内空间布局的影响。

【节点优化】

外部桁架与内部结构之间的关系有"连接"和"分离"两种，连接点的设计应保证稳定性、隐蔽性和整体性。由于桁架结构构件较多、尺寸较大，且节点处受力较强；因此，对于节点的强度要求较高，需要选择受力性能好、美观且经济的节点连接形式。

6.4.3　代表案例

Treet木构高层住宅

【基本信息】

建 筑 师：Artec（建筑设计），Sweco（结构设计）

建筑层数：14层

建筑高度：51m

建筑面积：5830m²

地理位置：挪威，卑尔根

建成日期：2015年10月

【建筑特点】

◆ 建筑整体结构分为两部分：外层是类似于竖向木桥的空间桁架结构；内部是以4层为一个单元的预制住宅模块，分别位于1~4、6~9和

11~14层。同时为提高防火性能并保证结构刚度，在5层和10层加设结构加强桁架层，且桁架层的上表面及屋顶都采用了混凝土楼板（图6-15~图6-17）。

◆ 该建筑一共使用了385m³的正交胶合木（CLT）和550m³的层板胶合木（GLT）。楼梯间和电梯井以及部分内墙使用了CLT板，每块板高15m。柱（495mm×495mm）和斜撑（405 mm×405mm）使用层板胶合木（GLT）。[6]

◆ 外层桁架结构中巨型木构件的连接方式均用内嵌钢板和螺栓连接，并且上下木柱之间留有一定的间隙，以满足安装调整的要求。在节点安装完成后，间隙需用高强膨胀丙烯酸砂浆填充（图6-18）。

图6-15 建筑外观效果图

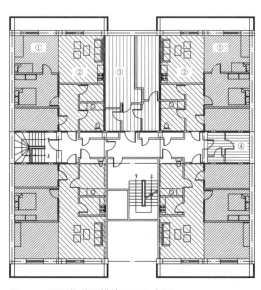

图6-16 预制化单元模块平面组合图

阶段一：
在混凝土基础上放置4个预制模块单元

阶段二：
架设第一层空间桁架，并在第五层设结构加强层

阶段三：
继续放置预制模块单元

阶段四：
架设第二层空间桁架，并在第十层设结构加强层

阶段五：
完成屋顶结构

阶段六：
铺设外立面

图6-17 装配化建造过程

◆ 所有木构件因为尺寸较大，厚重且密实；因此，均能在火灾发生时经受90分钟以上的燃烧，而不会出现物理形变。钢连接件埋在木构件内部阻止其直接受热，同时构件表面的防火涂层和自动喷淋系统也强化了整座建筑的防火安全性。

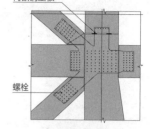

图6-18　内嵌钢板螺栓节点

6.5　木混合结构体系

木混合结构体系指由木结构构件与钢结构构件、钢筋混凝土结构构件混合承重，并以木结构为主要结构形式的结构体系。[1]

6.5.1　基本类型

根据《多高层木结构建筑技术标准》GB/T 51226—2017，将木混合结构分为上下混合木结构和混凝土核心筒木结构两类。

【上下混合木结构】

上下混合木结构体系是指在木混合结构中，下部采用混凝土结构或钢结构，上部采用纯木结构的结构体系（图6-19）。[1]该结构体系很好地解决了木结构主体与基础的连接问题，提高了结构稳定性，有利于木结构建筑的防潮处理；同时为增加建筑高度提供了可能，目前已被广泛应用。已建成的案例有澳大利亚墨尔本Forté公寓、瑞典韦克舍Limnologen公寓、英国伦敦Bridport住宅等。

图6-19　上下混合木结构三维模型示意图

【混凝土核心筒木结构】

混凝土核心筒木结构体系是指在木混合结构中，主要抗侧力构件为混凝土核心筒，其余部分为木质构件的结构体系（图6-20）。[1]相比于纯木结构体系，混凝土核心筒承担了主要的水平荷载，大幅度提高了结构的抗侧刚度。大部分已建成的高层木结构建筑均采用此种结构形式。

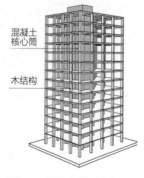

图6-20　混凝土核心筒木结构三维模型示意图

6.5.2　代表案例

Brock Commons学生公寓
【基本信息】

建 筑 师：Acton Ostry、Hermann Kaufamnn（建筑设计）
　　　　　　FAST＆EPP（结构设计）

建筑层数：18层

建筑高度：53m

建筑面积：15120m²

地理位置：加拿大，温哥华不列颠哥伦比亚大学

图6-21 建筑外观

建成日期：2017年

【建筑特点】

◆ 建筑首层为混凝土结构；混凝土核心筒内布置楼梯、电梯和管道井，作为主要的抗侧力构件。其余结构由胶合木柱支撑结构与CLT楼板共同组成，柱网尺寸约为2.85m×4m。建筑外围护墙体采用了预制板装配体系（图6-21～图6-23）。

◆ 木柱与混凝土基础或木楼板的连接通过一种巧妙设计的钢构件实现。每个木柱的顶部和底部的钢板上为尺寸相匹配的套管，并用钢钉沿套管直径横向穿入，进行固定；从而确保竖向荷载直接从一根柱传递到另一根柱。同时，在上下木柱之间加设钢垫板，以解决木结构在长期竖向荷载下的徐变问题，确保标准化柱高（图6-24）。

图6-22 建筑室内

图6-23 建筑标准层平面图

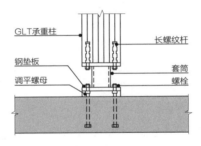

（a）木柱与混凝土基础的连接

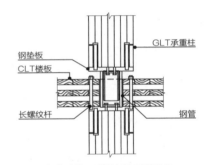

（b）木柱、木楼板之间的连接

图6-24 标准化连接节点

◆ 建筑使用的木材总量为2233m³；均是由当地特有的木材建造而成，包括道格拉斯冷杉制成的胶合木柱，以及云杉、松树和冷杉（SPF）制成的CLT楼板。相关研究表明，建筑可储存1753t二氧化碳，每年减少679t二氧化碳的排放，二氧化碳效益高达2432t。[7]

6.6 高层木结构建筑的发展趋势

由于木结构建筑具有低碳环保、建造迅速等显著优势，高层木结构建筑逐渐受到世界各国的推崇，掀起了研究和建造高层甚至超高层木结构建筑的热潮（表6-4）。未来随着建筑技术与结构技术的进步，高层木结构建筑将快速突破高度限制，建筑平面布局和整体造型也将更加灵活多变。同时，木结构的应用领域将逐渐扩大，应用前景十分广阔。

全球拟建高层木结构建筑部分案例   表6-4

建筑名称	城市	国家	层数	结构体系
南岸绿荫大道 55 号	墨尔本	澳大利亚	16	混合（混凝土）
Canopia 综合体	波尔多	法国	17	全木材
谢莱夫特奥文化中心	谢莱夫特奥	瑞典	19	混合（钢材）
露台公寓	温哥华	加拿大	19	混合（混凝土）
守门人住宅	鹿特丹	荷兰	20	混合（钢材）
巴伦支海大楼	希尔克内斯	挪威	20	混合（钢材）
HAUT 高级定制住宅	阿姆斯特丹	荷兰	22	全木材
阿比比庭院大楼	拉各斯	尼日利亚	26	混合（钢材）
FFTT	温哥华	加拿大	30	混合（钢材）
猴面包树大厦	巴黎	法国	35	混合（钢材）
SOM 木构大厦	芝加哥	美国	42	混合（混凝土）
W350 项目	东京	日本	70	混合（钢材）
Oakwood 塔	伦敦	英国	80	混合（钢材）

6.6.1 高度突破

随着建筑结构与技术的发展，未来高层木结构建筑的高度记录将被不断打破。当前，德国、英国、加拿大、美国等国学者相继提出了建设30层以上的木结构方案，有些项目已进入建设准备阶段。

芝加哥的SOM大厦（图6-25）重新设想了将1960年德威特的混凝土大

厦使用木材建造的情况。前期实验研究确定这座建筑可以达到40层的高度，因此建筑拟建高度为42层。建筑主体承重结构由LVL、PSL、GLT和CLT等工程木材建造而成，局部使用混凝土核心筒并结合混凝土框架。节点处采用木—混凝土混合节点。建筑整体结构中30%为混凝土，70%为木材；相比混凝土结构和钢结构，其最大的优点是可以减少60%~75%的碳排放量。

欧洲拟建最高的木质摩天楼（图6-26）是位于英国伦敦巴比肯住宅和艺术中心区域的Oakwood塔。该建筑是由PLP建筑事务所和剑桥大学建筑部工程师共同设计。建筑高度为300m，共有80层，建筑面积93000m²，其中设有多达1000个房间；并且建筑中部和顶层各有一个景观露台。Oakwood塔的设计团队希望通过这座建筑在超高层建筑领域完成一次建筑材料的颠覆与革命，打破传统钢材与混凝土结构对城市的统治，改变人类建造城市的方式。通过木构建筑营造轻松、愉悦、充满创造性的城市体验，激发城市生命力。

日本计划于2041年在首都东京建设全球首个超高层木结构建筑，这是目前已知拟建最高的大型木结构建筑。建筑预计使用18万m³的木材，层数达70层，高度为350m；所以这个项目也称W350项目（图6-27）。为了抵

图6-25 美国芝加哥SOM木构　图6-26 英国伦敦Oakwood塔
大厦

图6-27 日本东京W350项目

抗东京频发的地震，建筑将使用90%的木材与10%的钢材。作为一个多功能综合体，该建筑除了住宅，还有酒店、办公和商业等功能空间，创建了一个空中的可持续发展的社区。

6.6.2　造型多变

木构件的工厂预制化程度不断提高，相关技术不断发展，促使未来高层木结构建筑的造型更加多变。同时，木结构的设计水平不断提升，建筑的平面布局将更加灵活。

帕金斯威尔建筑设计事务所与Thornton Tomasetti的工程师合作，对美国芝加哥一座240m高、80层的大型木构高层建筑进行了概念化设计。项目名为River Beech 塔（图6-28）。方案采用筒中筒结构，外筒为胶合木斜撑筒，内筒为CLT剪力墙核心筒，外立面为斜交网格系统。这种外部网筒的设计不仅丰富了建筑造型，同时增强了内部空间的开放性；为未来高层木结构建筑造型的灵活多变提供了新的思路。

类似的案例还有建筑师Jose Brunner为"使命：住宅设计"竞赛设计的一座模块式木结构高层建筑（图6-29）。该建筑位于美国旧金山Mission区一栋标志性建筑的顶部。建筑最大的特点在于其造型与周围环境的充分融合。设计师不仅在原有建筑屋顶设计绿化，还将新建筑的下部6层均匀出挑，使公共空间对屋顶花园具有良好的视觉体验。为了缓解拥挤的街道环境对建筑的影响，建筑利用"变细"和"剪切"的造型，将建筑临街一面的上部层层缩小，形成逐层倾斜收缩的视觉效果。

图6-28 美国芝加哥River Beech塔　　　图6-29 美国旧金山大型木构住宅

6.6.3　应用广泛

木结构自身具有适应性强、便于拆装的优势。其在高层建筑中的应用并不局限于新建建筑，也适用于扩建和改造项目；同时，建筑规模也在不断扩大。

挪威奥斯陆的Harvest塔的扩建部分为木结构（图6-30）。建筑主要用材为CLT工程木，最大限度地实现了零碳排放。同时，建筑外立面为玻璃幕墙，利用阳光射入时的温差变化获取微小能量，将其收集、管理，用于供应整座建筑所需要的大部分能量，实现了环境效益与经济效益的双丰收。该建筑的扩建证实了木结构与钢筋、混凝土等材料具有良好的结构融合性。

在"SKYHIVE摩天大楼挑战赛"中获得荣誉奖的费城木塔（图6-31），促使木结构向高层建筑综合体方向发展。该项目由两部分组成：即两座由"桥"连接的办公楼，以及一座集住宅、学校和商业于一体的综合楼。建筑主体全部采用CLT工程木，加上垂直运输和机械通风的创新，使建筑实现了真正意义上的负碳排放，并在建筑内部营造了自然的空间环境。

（a）建筑效果图

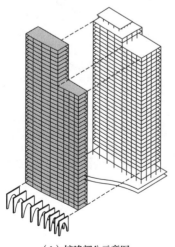

（b）扩建部分示意图

图6-30　挪威奥斯陆Harvest塔

图6-31　费城木塔

思考题

1．当前高层木结构建筑的主要结构体系类型有哪些？代表建筑是什么？

2．未来高层木结构建筑的发展趋势有哪些？

参考文献

[1] 　中华人民共和国住房和城乡建设部. GB/T 51226—2017多高层木结构建筑技术标准[S]. 北京：中国建筑工业出版社，2017.

[2] 　陈明达. 应县木塔[M]. 北京：文物出版社，2001.

[3] 　熊海贝，宋依洁，戴颂华，孙伟. 装配式CLT建筑从模型到建造[J]. 建筑结构，2018，48（10）：7-12，49.

[4] 　HU L, PIRVU C., RAMZI R. Testing at wood innovation and design centre [R]. British Columbia：The Canadian Wood Council, 2015：7-20.

[5] 　HOOPER E. Mass timber construction, wood innovation and design centre [J]. Architect, 2015. 104（12）：68-69.

[6] 　MALO K A, ABRAHAMSEN R B, BJERTNAES M A. Some structural design issues of the 14-storey timber framed building "Treet" in Norway [J]. Holzals Roh-und Werkstoff, 2016, 74（3）：407-424.

[7] 　POIRIER E, MOUDGIL M, FALLAHI A, et al. Design and construction of a 53-meter-tall timber building at the university of British Columbia [C]. Australia：Proceedings of WCTE, 2016.

图、表来源

图6-1（a）：拍摄者梁标.

图6-1（b）：https://www.travelawaits.com/2482727/kizhi-pogost-russia-churches/.

图6-4（a）：https://www.archdaily.com/630264/wood-innovation-design-centre-michael-green-architecture/555213d9e58ece92c7000269-wood-innovation-design-centre-michael-green-architecture-photo?next_project=no.

图6-4（b）：https://www.archdaily.com/630264/wood-innovation-design-centre-michael-green-architecture/555214bfe58ece92c700026e-wood-innovation-design-centre-michael-green-architecture-photo?next_project=no.

图6-5、图6-6：http://mg-architecture.ca/work/wood-innovation-design-centre/.

图6-9、图6-10、图6-12　参照绘制：Kaufmann H, Nerdinger W. Builing with Timber Paths into the Future [J]. Prestel, 2012.

图6-15：刘杰，木建筑[M]. 北京：科学出版社，2017.

图6-16~图6-18　参考绘制：Malo K A, Abrahamsen R B, M. A. Bjertnæs. Some structural design issues of the 14-storey timber framed building "Treet" in Norway [J]. Holzals Rohund Werkstoff, 2016, 74（3）：407-424.

图6-22：https://vancouver.housing.ubc.ca/wp-content/uploads/2017/12/Tallwood-House-18th-Floor-Study-Lounge-3-Michael-Elkan.jpg.

图6-23、图6-24　参考绘制：https://www.naturallywood.com/sites/default/files/documents/resources/brock-commons-overview. pdf.

图6-25：https://archinect.com/news/gallery/74511379/1/som-releases-timber-towerresearch-project.

图6-26：http://www.plparchitecture.com/oakwood-timber-tower.html.

图6-27：https://baijiahao.baidu.com/s?id=1593606920649208837&wfr=spider&for=pc.

图6-28：https://bbs.zhulong.com/102050_group_706/detail39483868/.

图6-29：https://www.archdaily.cn/cn/906953/4ge-da-xing-mu-gou-jian-zhu-zhan-wang-mei-guo-cheng-shi-de-wei-lai/5be5bdd208a5e5f7ac000e23-4-projects-that-show-mass-timber-is-the-future-of-american-cities-photo?next_project=no.

图6-30：https://www.archdaily.com/376071/harvest-nordic-built-challenge-finalist-proposal-aha-and-saaha/519a731cb3fc4b5cf4000013-harvest-nordic-built-challenge-finalist-proposal-aha-and-saaha-image.

图6-31：http://www.soujianzhu.cn/news/.

表6-1、表6-4：http://waughthistleton.com/media/press/17060_Tall_buildings_in_numbersCTBUH.pdf.

表6-2：中华人民共和国住房和城乡建设部. GB/T 51226—2017多高层木结构建筑技术标准[S].
北京：中国建筑工业出版社，2017.

第 7 章

木构建筑的防护

　　木构建筑的耐久性问题一直备受关注，是建筑设计中需要重点应对的内容。本章知识点主要包括：木构建筑的火灾特点、防火措施及设计要求；木材腐朽与虫害的机制与危害，及其主要应对措施。

7.1 防火

7.1.1 木构建筑火灾的特点

　　木材是易燃材料，历史上很多木建筑都毁于火灾；因此，防火是木构建筑设计和建造的重要内容。在世界各个国家和地区，木构建筑的建设会受到更加严格的防火规范（要求）的限制。木构建筑的火灾主要具有以下几个特点：

　　【风险高】

　　天然木材的碳氢化合物含量高，临近火源容易发生燃烧，并且燃烧速度快、易蔓延，最终导致火灾。所以木材通常被定为B2级可燃性材料（表面涂覆饰面型防火涂料可作为B1级装修材料）；对比其他材料，发生火灾的风险更高。

　　【灭火难】

　　木材燃烧从木材热解开始。温度在260-330℃时，热解释放含碳的可燃性气体，在空气中燃烧并产生木炭；[1]木炭在高温下燃烧，与氧气反应会形成煅烧，煅烧产生的热量会使木材内部继续热解；燃烧和煅烧反复交替形成的火势不容易扑灭，即使扑灭后也存在复燃的可能。且木构建筑大多都处于远离城市、较为偏远的地区，火灾发生后的救援难度相对更大。

　　【损失大】

　　木构建筑以低层居多，建筑密度大、建筑间距小，建筑布局相对灵活。我国的木构建筑大多采用庭院组合的传统布局形式，这为火灾蔓延埋下了隐患。一旦局部失火，若火情没有得到及时控制，会对周围相邻建筑造成火灾危害，形成"铁索连环"效应；并且木构建筑发生火灾后复原难度大，会造成较大的经济损失。不过与其他结构形式的建筑相比，木构房屋失火快速倒塌的可能性较小，人员伤亡少。

7.1.2 木材的防火措施

　　木材作为可燃性材料需要对木材构件进行处理，以达到防火要求。实现木材耐燃的途径是延缓木材燃烧速度，阻滞火焰传播，以及加速燃烧表面的炭化过程等。

7.1.2.1 木材燃烧和阻燃机理

　　在100℃以下，木材仅蒸发水分，不发生分解。至200℃开始分解出水蒸气、二氧化碳和少量有机酸气体。但此阶段是木材的吸热过程一般不发生燃烧。在没有空气的条件下，温度超过200℃木材便开始分解，并随着温度升高分解反应愈发强烈。温度达到400~450℃时，木材完全炭化，并释放大量反应热。温度最高时可达到950~1100℃。[1]

木材燃烧时，表层会逐渐炭化形成导热性比木材低的炭化层（约为木材导热系数的1/3 ~ 1/2）。当炭化层达到足够的厚度并保持完整时，即可成为绝热层，能有效减慢热量向内部传递的速度，使木材具有良好的耐燃烧性。利用木材的这一特性，采取适当的物理或化学措施，使之与燃烧源或氧气隔绝，就完全可能使木材不燃、难燃或阻滞火焰的传播，从而取得良好的阻燃效果。

7.1.2.2　木材阻燃方法

近些年，随着木材在建筑中的应用愈发广泛，以及古代建筑和文物古迹的维修保护工作日益受到重视，木材防火和阻燃处理的技术和方法不断发展。以下是几种常用的木材阻燃方法：

【燃烧炭化层防火】

是依靠木材自身燃烧特性实现防火的方法；因为可以最大限度地实现木材外露，所以在现代木构建筑设计中建筑师更倾向于采用这种处理方式。这种方法主要用于大尺寸的建筑构件；只需在截面尺寸设计中预留出耐火极限时间内燃烧形成的2~3cm的炭化层部分，就可以达到防火要求。

【表面涂刷阻燃剂】

涂刷阻燃剂是一种简便实用、应用广泛的阻燃方法。阻燃剂的作用机理包括：隔绝或稀释氧气供给；遇高温分解，放出大量不燃性气体或水蒸气，稀释木材热解时释放的可燃性气体；阻延木材温度升高，使其难以达到热解所需的温度；提高木炭层的形成能力，减慢传热速度；切断燃烧链，使火迅速熄灭。阻燃剂产品众多，包含透明和不透明多种色彩，可以根据设计需求进行选择。涂刷阻燃剂的缺点是对木材的热湿及触、嗅等性能影响较大。

【木材改性处理技术】

通过对木材改性进行阻燃也是当前较为常用的阻燃方法，这种方法通过物理或化学处理，改善或改变木材的性质和构造特征，从而起到阻燃的作用。被改性的木材一般被称为改性阻燃木。改性阻燃木实现的主要途径有压缩和注入化学药剂等方法。改性阻燃木虽然具有很好的阻燃效果，却是以牺牲木材的生物质特性为代价的。

【建筑构造处理方法】

通过建筑构造阻燃主要是用防火材料包覆木质构件，使木材无法直接

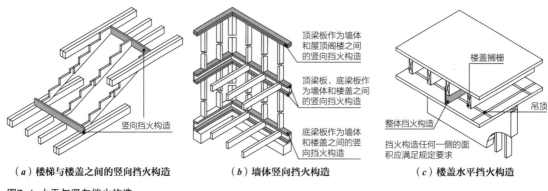

（a）楼梯与楼盖之间的竖向挡火构造　　　　　（b）墙体竖向挡火构造　　　　　（c）楼盖水平挡火构造

图7-1　水平与竖向挡火构造

暴露于高温或火焰下。对于主要由小尺寸构件组成的木结构体系，如轻型小框架，这种方法是阻燃的首要方法。防火石膏板是当前最经济、最常用的防火包覆材料，根据普遍采用的石膏板性能指标，一般一层石膏板可以达到耐火极限1小时的要求。另外在木框架结构中加设挡火隔板也可以达到防火的目的；其原理是通过堵截热空气循环和防止火焰通过，以阻止或延缓木材温度的升高；图7-1所示是在木构建筑各构件之间的挡火隔板位置。

7.1.3　建筑的防火设计

木构建筑的防火设计应该遵循《建筑设计防火规范》GB 50016—2014（2018年版）、《木结构设计标准》GB 50005—2017、《多高层木结构建筑技术标准》GB/T 51226—2017，或经过防火的性能化论证。近年来，因为木构建筑迅速发展，各国的防火规范处于快速的修订之中。尽管如此，很多案例依然是通过性能化论证的方式达到防火设计要求的。我国在2014年颁布的《建筑设计防火规范》GB50016—2014中首次增加了木结构建筑防火章节；2018年局部修订的《建筑设计防火规范》GB 50016—2014（2018年版），对木结构建筑防火部分的内容进行了若干修正和充实。2018年开始实施的《木结构设计标准》GB 50005—2017对防火计算和特殊部位的防火进行了补充。《多高层木结构建筑技术标准》GB/T 51226—2017则适用于4~5层的住宅和办公建筑（表7-1）。欧美各国近二三十年来对木结构建筑的防火性能进行了深入的研究，对木结构建筑火灾安全有了更深的了解。同时，由于防火技术的不断提高，木构建筑在欧洲各国的应用逐渐放宽，对其建筑高度的限制也逐渐放松。[2]虽然我国有关木结构建筑防火的标准和规范在快速的增补与修订中，但是与欧洲、北美等木建筑发达的国家相比，很多规定依然比较严格。

木结构建筑防火相关规定的适用范围　　　　　表 7-1

标准和规范	适用范围
《建筑设计防火规范》 GB 50016（2018 年版）	3 层；适用于民用建筑和丁戊类厂房的防火设计；从构件燃烧性能和耐火极限、高度和层数、防火分区、防火间距、安全疏散、消防设施设置等方面，给出原则性规定
《木结构设计标准》 GB 50005	3 层；重点规定木结构细部防火构造（如隐蔽工程中的水、暖、电气管道的穿墙防火构造等）、防火计算和特殊部位防火
《多高层木结构建筑技术标准》GB/T 51226	5 层；仅适用于住宅和办公建筑；3 层及以下按《建筑设计防火规范》进行防火设计，4 层和 5 层的住宅和办公建筑可按本标准进行防火设计

　　面对木结构相关规范快速更新的情况，建筑师应该及时掌握最新的相关规范要求，并且把握住木结构建筑防火设计的核心内容。木材作为可燃性材料，在进行建筑防火设计时，应满足相应的安全等级并减小火灾风险。建筑师要综合考虑各方面因素，结合建筑的高度、层数及建筑类型等限定条件。首先要确保不同木材构件的耐火极限；然后根据建筑耐火等级，考虑不同建筑间的防火间距、防火分区和疏散距离；在此基础上，各个专业依据规范展开详细的防火设计。本书重点介绍木构建筑防火的几个关键问题。

7.1.3.1　木构件的燃烧性能和耐火极限

　　进行木结构建筑防火设计时，木结构构件的燃烧性能和耐火极限是需要考虑的重要因素。防火规范对建筑中的不同构件的燃烧性能和耐火极限的要求不同；木结构建筑中对防火墙的要求最高，耐火极限不能低于 3.0h。木结构建筑构件的燃烧性能和耐火极限的具体要求详见表 7-2。

木结构建筑构件的燃烧性能和耐火极限　　　　　表 7-2

构件名称	燃烧性能和耐火极限（h）	
	3 层及以下	4~5 层
防火墙	不燃性　3.00	不燃性　3.00
承重墙，住宅建筑单元之间的墙和分户墙，楼梯间的墙	难燃性　1.00	难燃性　2.00
电梯井的墙	不燃性　1.00	不燃性　1.50
非承重外墙，疏散走道两侧的隔墙	难燃性　0.75	难燃性　1.00
房间隔墙	难燃性　0.50	难燃性　0.50
承重柱	可燃性　1.00	难燃性　2.00

续表

| 构件名称 | 燃烧性能和耐火极限（h） | |
	3层及以下	4~5层
梁	可燃性　1.00	难燃性　2.00
楼板	难燃性　0.75	难燃性　1.00
屋顶承重构件	可燃性　0.50	难燃性　0.50
疏散楼梯	难燃性　0.50	难燃性　1.00
吊顶	难燃性　0.15	难燃性　0.25

注：1~3层建筑木构件的燃烧性能和耐火极限遵循《建筑设计防火规范》GB 50016 和《木结构设计标准》GB 50005，4~5层住宅和办公建筑木构件的燃烧性能和耐火极限遵循《多高层木结构建筑技术标准》GB/T 51226。

梁柱体系的木结构建筑多采用尺寸较大的木构件。为便于在工程设计中尽可能地体现胶合木或原木的美感，规范允许对结构木构件可不作防火处理。其前提是在设计时根据不同种类木材的炭化速率、构件的设计耐火极限和设计荷载，来确定合理的梁、柱设计截面尺寸。只要该截面尺寸预留了在耐火极限时间内可能被烧蚀形成炭化层的厚度，就认为承载力可以满足设计要求。

7.1.3.2　防火间距

在木构建筑发生火灾后，可能殃及邻近建筑，而且为了方便疏散与火灾扑救，相邻建筑间应留有足够的防火间距。《建筑设计防火规范》GB 50016中明确要求木结构房屋与一级耐火等级的建筑之间的防火间距应不小于8m，木结构房屋之间的防火间距应不小于10m。当已建成的建筑不满足防火间距要求时，可以考虑开辟防火通道，并将干扰建筑拆除，使得建筑之间留有足够的安全距离。在特殊情况下，也可以在木建筑周围做防火隔离带，如挖防火沟等。表7-3为规范规定的木结构建筑与其他民用建筑之间的防火间距要求。

民用木结构建筑之间及其与其他民用建筑的防火间距（m）　　　　　表 7-3

| 建筑耐火等级或类别 | 裙房和其他民用建筑 | | | | 高层民用建筑 |
	一、二级	三级	木结构建筑	四级	一、二级
1~3 层木结构建筑	8	9	10	11	—
4~5 层木结构建筑	9	10	12	12	14

注：1~3层木结构建筑之间及其与其他民用建筑的防火间距应按照《建筑设计防火规范》GB 50016和《木结构设计标准》GB 50005 执行，4~5层木结构建筑之间及其与其他民用建筑的防火间距应按照《多高层木结构建筑技术标准》GB/T 51226 执行。

7.1.3.3 建筑层数与高度的相关规定

我国现行的《建筑设计防火规范》GB 50016和《木结构设计标准》GB 50005对纯木结构建筑层数和高度的规定是最多3层、最高10m（表7-4）。《多高层木结构建筑技术标准》GB/T 51226扩展了相关内容，规定对于4层和5层的木结构住宅和办公建筑，应按照其相应的防火设计规定进行设计；6层及6层以上的木结构建筑的防火设计应经论证确定。

木结构建筑或木结构组合建筑的允许层数和允许建筑高度　　表 7-4

木结构建筑的形式	普通木结构建筑	轻型木结构建筑	胶合木结构建筑		木结构组合建筑
允许层数（层）	2	3	1	3	7
允许建筑高度（m）	10	10	不限	15	24

注：《多高层木结构建筑技术标准》GB/T 51226放宽了对胶合木结构建筑的层数要求，住宅和办公木结构建筑允许层数为5层。

7.1.3.4 防火分区与疏散距离

防火分区与疏散距离直接影响建筑的空间布局设计，是在建筑方案初始设计阶段就应考虑的内容。建筑物内部某空间发生火灾后，火势会因对流、辐射作用，或者从楼板、墙体的烧损处和门窗洞口向其他空间蔓延扩散开来，最后发展成整座建筑的火灾。因此，必须通过防火分区把火势在一定时间内控制在一定区域里，以及控制建筑物内最远处到外部出口或楼梯的距离，以满足人员逃生的需要。根据现行规范规定，木结构建筑中防火墙间的允许建筑长度和每层最大允许建筑面积应符合表7-5的规定。木结构建筑中房间直通疏散走道的疏散门至最近安全出口的直线距离不应大于表7-6的规定。[3]

木结构建筑中防火墙间的允许建筑长度和每层最大允许建筑面积　　表 7-5

层数（层）	防火墙间的允许建筑长度（m）	防火墙间的每层最大允许建筑面积（m²）
1	100	1800
2	80	900
3	60	600
4	60	450
5	60	360

注：当木结构建筑全部设置自动喷水灭火系统时，防火墙间的每层最大允许建筑面积可按照上表的规定值增大 1.0 倍。

房间直通疏散走道的疏散门至最近安全出口的直线距离（m）　表 7-6

名称	位于两个安全出口之间的疏散门	位于袋形走道两侧或尽端的疏散门
托儿所、幼儿园、老年人照料设施	15	10
歌舞娱乐放映 游艺场所	15	6
医院和疗养院建筑、 教学建筑	25	12
其他民用建筑	30	15

7.2　防腐与防虫

木材腐朽与虫害将会大大降低木材的性能。木材腐朽是由木腐菌的滋生造成的木材损害；虫害主要是由白蚁、甲虫等昆虫造成的木材损害。两者的损害机制不同，但是防护路径类似；因此，本书将其放在一起进行阐述。

7.2.1　木材腐朽与虫害的机制与危害

【腐朽的机制】

引起木材腐朽的主要因素是木腐菌。木腐菌可将木材内部含有的水分、蔗糖以及淀粉分解成养分，供其存活，从而引发木材的腐朽。木腐菌只有在养分、温度、湿度、氧气4个条件都具备的情况下，才可以生长繁殖；阻绝其中任意一项条件，便能阻止木材腐朽的发生。在木构建筑中，严格控制温度和氧气相对困难；所以，对养分（木料）和建筑物的水分状态进行管理，便成为重要的木材防腐选项。[4]其中，防潮是最基本的路径；一般来讲，木材的含水率在18%以下，就可以避免木材腐朽。

【虫害的机制】

危害木结构的昆虫主要有两大类：白蚁和甲虫。其中白蚁的危害远比甲虫危害更为广泛和严重。白蚁是一种过群体生活的"社会性昆虫"，群体中有明确的分工和严密的组织。其活动隐蔽，最初对木材造成的危害也常常处于隐蔽部位；因此，一般不易被发现。白蚁以木材、纤维素为主要食物，同时也离不开水分。

【腐朽与虫害的危害】

与火灾对木结构建筑的迅速破坏不同，腐朽和虫害造成危害的过程比较缓慢；需要达到一定程度后，才会对建筑结构产生很大的危害。建筑木

料在潮湿的环境中一旦出现腐朽，通常会有变色、变形、开裂、霉变等现象（图7-2）。而虫害则会直接造成木材的缺失性损伤。因此，两者都会导致建筑的整体美观和结构的强度性能等受到全面影响，严重时则不能继续使用。

图7-2 木材腐朽

木结构建筑的防腐和防虫主要有三种途径：通过控制周围环境、通过改善木材自身性能，以及通过优化建筑的构造措施来进行防御。此外，保养也是延长木结构建筑寿命的重要方式。

7.2.2　控制环境条件措施

为了防止木结构建筑的腐败与虫害，需要对环境条件进行控制。一方面要减少环境受到雨水侵袭的可能，并降低湿度；另一方面是减少周边环境害虫的密度。所指环境既包括建筑的内、外部空间环境，也包括木构件生产、存放和运输等的环境。

木材防腐的常见具体措施主要包括：在工厂加工和存放过程中要严格控制厂房的湿度，更要避免受水浸泡；木构件在工地存放的过程中，要有防雨设施；在木构件的运输过程中，应采用防潮包装，使其与水汽隔离；在建筑的使用过程中，要利用通风、空调等主动和被动技术措施，达到合理的室内湿度和温度，避免木建筑的受潮。

对于虫害风险较高的地区，在建造开始时，就可使用乳化制剂处理建筑周边土壤，以驱赶地下白蚁、甲虫等对木材有害的昆虫；在建筑的使用过程中，也应对室内、外空间进行定期的杀虫处理。

7.2.3　改善木材性能措施

【选取耐腐性好的木材】

木材的耐腐性一般根据室内木材腐朽实验中的质量减少率，或者野外暴露实验中的状态变化，或者强度降低状况，来进行评价。木材本身的耐腐能力，因为树种的差异会有所不同。一般来讲，丝柏、栗子树、榉木等都拥有比较强的耐腐朽性能，在满足结构和饰面等设计要求的情况下，可以优先选择。树木边材的耐腐朽性能相比芯材而言要差很多；因此，在材料选取的过程中，芯材往往是优先选择。

【选取改性处理木材】

无论是热处理木材、药剂处理木材，还是压缩处理木材，都会大大改善木材的防腐和防虫性能。但是这类木材的结构、美观、生态等性能也会产生一些改变，而且造价会提高。因此，在建筑中的选用要保证其相关性能符合设计要求；并通常将其用在受潮风险较大的部位，比如基础垫木、室外园林景观小品的构件、木质栈道铺地等。

【喷涂防腐、防虫处理药剂或涂料】

不同于对木材的改性处理方式，这是一种在木材表皮做文章的防腐、防虫处理办法。可以选择喷涂药剂，以起到杀虫效果；也可以选择各种涂料，以隔绝潮气。主要应用于暴露在外的木构件上。木蜡油作为一种专用于木材的室内外涂料，在木构建筑中被广泛应用。因为其主要成分是天然的植物油，不含苯酚、甲醛、多环芳烃、重金属等对人体有害的化学成分，是一种与木材特质相一致的天然环保的表面擦拭剂。具有滋润与保养木材、使木材触感细腻、阻止水分渗透、施工简单便捷、增强视觉效果等优点。

7.2.4　优化建筑构造措施

构造防腐和防虫主要是通过建筑构造设计实现两方面作用：一是将雨水等导致潮湿的因素与木构件隔离，并加大木构件表面的通风，以利于排除湿气；此法对防腐和防虫均有效用；二是通过设置防虫网等方法，将白蚁等有害昆虫与木构件隔离，此法是只针对虫害采取的措施。

构造防腐和防虫是木构建筑设计中各个环节都需要重点考虑的内容，尤其针对几个关键部位：木构件与基础的连接处，屋盖、墙体及外露木构件等。

7.2.4.1　木构件与基础连接处

木构件与基础的连接处容易被地下潮气侵蚀，也是害虫入侵建筑的主要路径；因此，是防腐和防虫的重点部位，需要采取多方位的防护处理。比如基础垫木等与地基接触或地面以下的构件，必须采用天然耐腐木材或经过防腐处理的木材等。在构造方面的常规措施主要有：底层楼盖未经防腐处理的木构件与地面之间的净距不得小于150mm；木构件与基础地墙之间设置防水卷材，隔绝水汽；留有通风透气层的非架空式基础需要设置通风口，通风口的面积不能小于底层楼板面积的1/150；条件良好时，通风面积也不可小于底层楼板面积的1/1500。[4]通风口是白蚁等害虫进入木构建筑的入口之一，在基础地墙通风口处应加设防虫网（图7-3）；没有通风透气层的非架空式基础需要利用SBS改性沥青防水卷材等防水材料隔水、隔汽，使木结构建筑的底层系统免于受潮。如果木结构柱直接落在石材或者混凝土材料上面，很容易受潮；因此，在木柱底部宜采用钢构件作为连接构件。

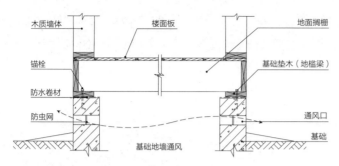

图7-3 木构件与基础连接处的构造防腐、防虫措施

7.2.4.2 屋盖、墙体及外露木构件

【屋盖】

外部降水是引起木构建筑构配件内部受潮的首要原因；因此，屋盖作为与降水最先接触的部位，是必须慎重处理的一道防线。屋盖结构除了依靠自身的结构坡度，保证屋面排水外，更重要的是通过构造设计，使屋面的防水基层材料、面层材料以及泛水板共同作用，保证屋盖结构不受到雨水影响。此外，为了使木构建筑屋面在偶尔受潮后，能在通风良好的条件下，得以及时干燥，需从构造上采取通风防潮措施，保证桁架、大梁等承重构件处于通风条件良好的环境中。主要措施如屋盖上设置老虎窗、山墙设置通风口等。[5]

【墙体】

引起木结构外墙受潮的因素包括雨水渗漏，或因水蒸气渗透在墙体内形成的冷凝水。相对应的构造措施主要包括：对于墙体内部木龙骨、覆面板的防潮，需要在室外墙面或有受潮风险的室内墙面设置防水层或防潮层来防范。一般采用防水卷材或防水透气膜等柔性防水材料。对于木挂板等外饰木构件的防护，如图7-4所示，一是在外挂板和外墙中间设置空气间层，作为排水和通风通道；二是在外挂板下通风口处，加设防虫网，以阻隔害虫。[6]

【外露木结构构件】

外露木结构构件直接暴露于外部环境之中，尤其对于直接受到雨水影响的木构件，需要有相应的构造措施。一旦雨水通过顺纹或横纹面的裂纹

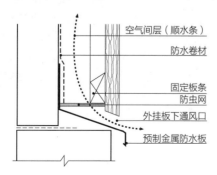

图7-4 外墙木挂板的防腐与防虫构造

渗透进木材，极易导致木材腐朽。如图7-5所示，对于木构建筑中外露的木结构构件，常规的防雨构造是用铜皮等金属表皮将木构件的上部和顺纹端部包裹起来，以阻隔雨水。

图7-5 外露木结构构件的金属表皮构造防护位置示意

思考题

1．木材的阻燃方法有哪几种？

2．预防木材腐朽与虫害的途径有哪些？

参考文献

[1]　潘景龙，祝恩淳．木结构设计原理（第2版）[M]．北京：中国建筑工业出版社，2019．

[2]　彭磊，邱培芳，张海燕，倪照鹏，刘庭全．多层木结构建筑防火要求及应用现状[J]．消防科学与技术，2012，31（02）：136-139．

[3]　中华人民共和国公安部．GB 50016-2014建筑设计防火规范（2018年版）[S]．北京：中国计划出版社，2014．

[4]　何敏娟，Frank LAM，杨军，张盛东．木结构设计[M]．北京：中国建筑工业出版社，2008．

[5]　谢力生．木结构材料与设计基础[M]．北京：科学出版社，2013．

[6]　Hislop, Patrick. External Timber Cladding [J]. 2007.

图、表来源

图7-1　参照绘制：何敏娟，LAM F，杨军，张盛东．木结构设计[M]．北京：中国建筑工业出版社，2008．

图7-2：http://www.cqyymc.com/news/209.html.

图7-4　参照绘制：HISLOP P. External Timber Cladding [M]. High Wycombe：TRADA Technology Ltd, 2007.

表7-1　参照绘制：邱培芳，会议讲座，第七届中国木结构产业大会暨文旅康养与木结构产业合作论坛，2019.6

表7-2、表7-3　参照绘制：中华人民共和国公安部．GB 50016-2014 建筑设计防火规范（2018年版）[S]．北京：中国计划出版社，2014；中华人民共和国住房和城乡建设部．GB/T 51226-2017 多高层木结构建筑技术标准[S]．北京：中国建筑工业出版社，2017．

表7-4、表7-6：中华人民共和国公安部．GB 50016-2014建筑设计防火规范（2018年版）[S]．北京：中国计划出版社，2014．

表7-5：中华人民共和国住房和城乡建设部．GB/T 51226-2017 多高层木结构建筑技术标准[S]．北京：中国建筑工业出版社，2017．

第 8 章

强化木构特征的建筑设计

　　木构建筑设计的重要目标就是突出其类型特征和主要优势。本章知识点主要包括：木构建筑空间的物理环境优势、视觉表现优势、装配化建造优势，以及对这些优势进行强化设计的主要路径和基本方法。

8.1　木构空间的物理环境设计

基于木材的相关物理性能特点，木质界面在空间的湿度调节、热环境控制、声学效果，以及光环境的优化等方面具有明显优势，在木构空间设计中应力争将这些优势发挥出来。

8.1.1　木构空间的热环境设计

环境冷热对人体的生理舒适感有很大影响。在温度为11~32℃时，人能保持一定的工作和学习效率。当超出这个温度范围时，人体就可能出现一些生理失调现象，如中暑、热浮肿、剧烈颤抖等。人体感到比较舒适的环境条件（温度、相对湿度）是：夏季24~28℃、40%~70%；冬季18~24℃、30%~60%。[1]

8.1.1.1　木质界面对环境冷热感的影响

【木材界面的调温特性】

木材导热系数小，是热的不良导体，热惰性指标也较大；其界面隔热性能和温度调节性能比相同厚度的混凝土、砖等材料更好。图8-1显示了达到同样保温效果的不同材料的厚度值。相关研究发现在相同条件下，冬季木结构居室温度比混凝土结构居室温度高2~3℃。[2]

【木质界面的接触冷暖感】

材料的接触冷暖感也是影响人的热舒适感的重要指标。人与材料的接触冷暖感主要来自接触部位的温度差异及其所产生温度变化的刺激量。木材由于其热导系数小、孔隙率大等特性，使得其触觉冷暖感评价高，并且随材料厚度的增加呈上升趋势。在图8-2中，S_1表示人与木质墙壁的瞬间接触冷暖感心理感知程度，S_2表示长时间接触时的冷暖感心理感知程度。当木材厚度增加时，心理量感知显著地向"温暖"方向提升；但增加到一定厚度之后，心理感知变化则趋于平缓。[2]

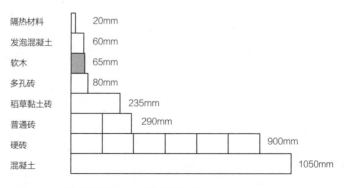

图8-1　达到同样保温效果的不同材料的厚度对比

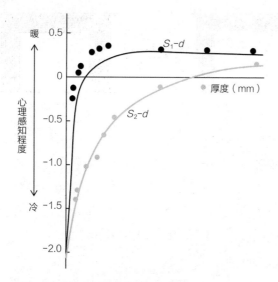

图8-2 木材厚度与接触冷暖感心理感知程度的关系

【木质界面的视觉温暖感】

视觉特性也能影响人的温暖心理量。颜色是反映木材表面视觉特性最为重要的物理量；研究表明材色中属暖色调的红、黄、橙黄色系能给人以温暖之感，而绝大多数树种的木材表面颜色都在橙色系内。同时，木材具有吸收紫外线，反射红外线的功能，而红外线的热作用强。这些都是木质界面产生"温暖"视觉感的重要原因。

8.1.1.2 木质界面调节热环境的常见方法

不同木质材料的温度调节作用有显著差异；因此，为提高木结构空间的热环境舒适度，通常选择热导系数低的木质材料，如胶合板、泡桐、红桧（UV涂饰）等。适度增加材料厚度也可有效提高环境的热舒适性，但通常认为增加厚度的方法不够经济；当前最常见的方法是在围护结构中做保温层，并通过木材的视觉和触觉温暖特性进行界面设计，以契合木构建筑带给人的温暖感。

【设置墙体保温层】

通常情况下，实木墙体和木框架结构墙体的保温层设在外侧，可使木结构免受气温变化所导致的膨胀、收缩变形，并减少对室内空间的占用。而保温层设在室内侧的内保温则不利于对木结构的保护，会缩短房屋的使用寿命，并且防水和气密性较差，因此通常不建议采用。双层保温系统是在外保温的基础上，增加一层结构保温（承重构件间的空隙）。轻质木龙骨墙体的保温层则常设在腔体内（有时也应用于木框架结构），从而充分利用结构空间（图8-3）。[3]保温层材料的选择很多，生物质材料与木材的绿色性能相近，是最环保的保温材料。

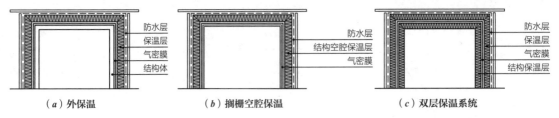

（a）外保温　　　　　　　　（b）搁栅空腔保温　　　　　　　（c）双层保温系统

图8-3　墙体保温层的布置方式

【有效布局木质界面】

适度增加室内木材的表面覆盖率，并使用暖色调的木材，可以提高视觉温暖感；而在地面、墙体、扶手栏杆等人可以接触的部位使用木材，可同时提高触觉温暖感。此种做法常常用在幼儿园、住宅、体育馆、舞蹈室等功能空间（图8-4）。

图8-4　日本兵库县龙野市的幼儿园

8.1.2　木构空间的湿环境设计

室内环境湿度是影响室内舒适性的另一重要因素。湿度不仅影响人的心理和生理上的舒适感，而且与霉菌、空气中的浮游微生物以及螨虫的生长繁殖有着直接关系。因此，不适宜的湿度容易使人体免疫力下降，导致患病。研究表明，适宜的相对湿度范围为40%~60%。

8.1.2.1　木质界面的调湿作用

木材的吸湿和解湿作用使其具备独特的环境调湿性能，可以使室内湿度波动幅度减小，从而将室内湿度控制在一个比较稳定的状态。通过混凝土结构房屋与木结构房屋的对比研究表明，木结构房屋的年平均湿度变化范围为60%~80%，比混凝土结构房屋低8%~10%，这与最佳居住环境的相对湿度指标非常接近。[4]与涂漆石膏板墙的房屋相比，未经处理的木质覆面层可将由室内空气湿度变化引起的极值降低63%，使室内空气湿度在较长时间内保持最佳。[5]

　　因而木材适用于人们长时间停留的建筑空间中。无论是居住建筑，还是幼儿园、学校、医院等公共建筑，利用木质界面进行调湿都是有效的途径。既减少了人工通风的需要，也节约了能源。

8.1.2.2　木质界面调节湿环境的常见方法

　　不同木材的调湿性能具有一定的差别。选用调湿性能好的木材种类，如软质纤维板、刨花板、云杉和松木等，并尽量不做表面涂层处理时，木材的调湿能力最佳。因为材料的吸、解湿过程需通过材料表面进行，所有表面处理都会降低木材的这一能力；所以，一般在符合消防规定的前提下，木材宜设置在不易碰触的吊顶等部位，这样可以不做表面处理。此外，在进行木质界面空间的湿环境设计时，还应考虑木材表面积、材料厚度等条件的影响。

　　【增大室内木材的表面积】

　　木材对室内环境的湿度调节能力随着木材表面积的增加，呈上升趋势。因此，可在木质界面切割出凹槽，来增加与空气接触的表面积。在这种情况下，需确保空气能够到达这个表面。2010年，阿尔托大学的实验性作品"Luukku"住宅就采用了这种方式（图8-5）。

　　【增加木材厚度】

　　由于水分传导需要一定的时间，所以对于短周期内材料的调湿能力来说，厚度的影响并不明显；但对于较长周期的湿度调节而言，材料越厚，其湿度调节能力越持久。实验结果表明，一天内能达到有效调湿的木材厚度为3mm左右；15~20mm厚的木材可有效调湿一个月；60mm可有效调湿一年。[4]故若想使室内湿度长时期保持较稳定状态，室内木材必须达到一定的厚度。

（a）顶棚木板细部　　　　　　　　　　　　　（b）室内顶棚效果

图8-5　芬兰"Luukku"住宅锯齿形顶棚

8.1.3　木构空间的声环境设计

　　人所处的各种空间总是处于一定的声环境之中。在欣赏音乐、听闻语言的建筑空间，需要依据听闻的要求，采取适宜的吸声、扩散声、反射声、隔声等措施，以保证信息能够较好地传达。在住宅等要求室内环境具有较好私密性的空间，也常采用吸声降噪、隔声处理来降低外界声音的影响，以此营造安静宜人的室内声环境。

8.1.3.1　木质界面空间的吸声和反射声设计

木质界面因其吸收高频声和反射中低频声的特性，被广泛应用于电视中心、电影院、大剧院、音乐厅、公共会堂、会议厅、体育场馆、医院、学校和住宅等场所；还可用于各类工业厂房的消声、降噪。木质界面常被应用于墙壁、顶棚等部位。

1. 木质界面的吸声与声反射特性

【吸声特性】

木材的多孔特性使其具有较好的高频声吸声性能，尤其是木质地板、天花板在控制环境混响时间、抑制环境噪声方面比较有利，能创造较好的室内声环境。研究表明，木质界面空间的声音混响时间明显小于混凝土界面的居室空间。[6]

【声反射特性】

实木的中低频声吸声率并不高，大部分入射声能会被反射回来；同时，木材还具有密度低和便于加工的优点，易于进行界面的肌理设计。因此，木质界面空间可利用肌理变化进行声反射设计，以获得最佳音质。

2. 木质界面声吸收和声反射的影响因素

一般经过处理的木质人造板的低频吸声性能要好于实体木材。不同种类的木材其吸声能力的大小顺序为：纤维板>胶合板>刨花板>实体木材；这与它们的组成形态、粒片尺寸大小以及密度有直接关系。随着密度增大，吸声性能趋于降低，吸声峰向高频率移动；声反射能力则与之相反。[2]

【界面木材的厚度】

界面木材的厚度增加，其吸声系数有增大趋势，并且吸声峰向低频方向移动；但板的厚度有临界值，想获得理想的低频吸声效果，需通过理论计算。[2]需要注意的是，很薄的木片若不是在紧贴实墙的情况下，其本身的振动（或与空气层的共振）也会产生较强的声吸收。

【木材涂饰的选择】

涂饰对木材吸声系数也有降低的影响，且纤维板涂饰后，吸声性能的降幅比实木大。[2]因此，表面粗糙、未经修饰的木材能吸收更多声能。

【木质界面的肌理】

木质界面肌理的尺寸和形状也会影响声波的反射和扩散。当界面肌理尺寸远大于入射声的波长时，声波是镜面反射。界面形状不规则且最小尺寸大于1/7波长时，为扩散反射；而当尺寸与声波长度接近时，扩散效果最好。

【界面的构造做法】

普通木板的吸声系数较小，不同的构造组合会显著影响木质空间的吸声性能。空气间层对木质材料的吸声性能有显著影响，空气层厚度达到50mm及以上时，低频范围的吸声系数有显著提高，且吸收峰加宽；而高频声的吸声系数受影响不明显。因此，背面空隙超过50mm的薄木板（能明显吸收低频声）不宜在音乐厅内墙壁大量使用；而厚木板（≥20mm）以及无空气间层的任何厚度的木板，则可用作音乐厅内部的装饰墙面和顶棚。

3. 木质界面的声反射和声吸收设计

一般来说，空间声反射设计的主要对象是音乐厅和剧院等空间的顶棚。这类空间需要较长的混响时间；由于来自顶棚的反射声不像侧墙反射那样容易被观众席的掠射吸收所减弱，因此对厅内音质的影响最为显著。但在阶梯教室中，设置在讲台附近墙面上的竖向反射板效果更好。在进行声反射设计时，通常使用声反射性能较好的实木做内墙饰面或相关构造，并通过光洁的表面涂饰增强声反射效果。

声吸收则主要应用于办公室、实验室、研究室等要求较短混响时间的室内空间。进行声吸收设计，一方面是提高木材的吸声性能：①选用吸声性能好的木材，如纤维板和胶合板；②紧贴实墙的情况下，适当增加板材厚度，减少表面涂饰；③根据吸声理论和机制，改善材料的吸声性能；如材料表面微穿孔可改善高频吸声率；合理设计孔径、孔深和孔面积率的组合，改善中低频声波的选择吸收性能。[2]另一方面是采用合理的吸声构造。常见的吸声构造有以下两类。

【吸声构造】

结合不同种类的材料和结构，以达到复合吸声作用。例如，在穿孔板的背面填多孔材料，或用穿孔的胶合板与后部空气间层组成对特殊频率声波有吸收作用的共振吸声体等。其中，木质装饰吸声板是将声学理论与美学效果巧妙结合的构造设计，应用最为广泛；其构造做法通常由饰面、芯材、防火吸声布和吸声棉组成，木质吸声板分槽木吸声板和孔木吸声板两种（图8-6）。

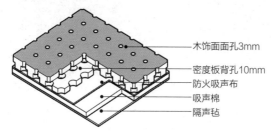

木饰面面孔3mm
密度板背孔10mm
防火吸声布
吸声棉
隔声毡

图8-6 孔木吸声板构造示意

【声吸收扩散构造】

声的吸收扩散处理是用起伏的表面与吸声材料结合布置的方法，使反射声波散开的同时，吸收一部分能量。既可以用于消除回声和声聚焦，增强大厅内声能分布的均匀性，也可以使声音更加清晰。声的扩散吸收处理一般布置在第一次声反射面以外的各个面，如侧墙和顶棚的中、后部以及后墙等。而为实现在宽波段范围内的声音扩散，常设计几种不同尺寸（形状）的扩散体（图8-7）。

吸声扩散常采用的构造形式是在扩散体上开孔洞，背面贴吸声材料；立体扩散体吸声板就是代表产品，常贴附在墙面和屋顶（图8-8）。也可结合功能，处理成各种形式的顶棚和墙体。例如加拿大列治文奥林匹克椭圆速滑馆的木结构屋顶；坡面用规格材间隔铺设而成，制造出空隙和三角形空腔，有助于最大限度地吸收人群噪声和扬声器混合的声音；而层叠状的表面肌理也起到了一定的声扩散作用（图8-9）。

图8-7 几何形木质墙面

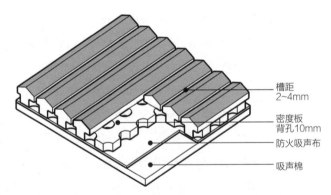

槽距
2~4mm

密度板
背孔10mm

防火吸声布

吸声棉

图8-8 木质扩散体吸声板

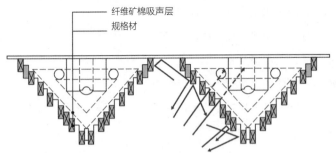

纤维矿棉吸声层

规格材

（a）木结构屋顶吸声扩散构造示意

（b）木结构吸声扩散屋顶外观

图8-9 加拿大列治文奥林匹克椭圆速滑馆木结构屋顶

8.1.3.2　木构围护结构的隔声设计

1. 木构围护结构的隔声性能

围护结构隔绝的若是外部空间声场的声能，称为"空气声隔绝"。单层木材的空气声隔声性能略差，其原因是刚度和面密度（单位面积的质量）较低。木楼板的隔声能力一般要比混凝土楼板低10 dB左右。[7]室内声环境的另一衡量指标是撞击声（也称固体声），即物体冲击地板时对室内（常指楼板下的室内）发出的声响。不同木质材料的撞击声隔绝性能不同，最佳为轻质刨花板、软质纤维板；其次为普通刨花板、中密度纤维板；再次为胶合板。[2]但总体而言，不加任何处理时，木材本身并不是良好的隔声材料。

2. 改善木构围护结构隔声性能的常见措施

建筑围护结构的隔声性能取决于整个围护结构的材料、构造和厚度等因素，而非单纯的表皮界面。由于不加任何处理的木质材料并不是良好的隔声材料，故常通过改变其构造形式，来提升木构围护结构的隔声性能。

【提高质量和刚度】

单层密实墙板的空气声隔绝量与板材的面密度成正比；因此，采用实木整体楼板或墙体，其隔声性能要好于木搁栅楼板和木龙骨墙体。

另外，围护结构的刚度和质量越大，对冲击声的隔绝能力越强。对于经常传递冲击声的楼板来说，提高刚度和质量极为关键。通常做法是加大梁的断面和减小梁间的尺寸，以提高刚度；或是在楼板和梁间加一层厚100mm、相对密度为0.5的加气混凝土；或50mm厚、密度为1500kg/m³的干沙，以增加楼板质量，减弱初始振动，可使较难隔绝的低频冲击声得到一定改善（图8-10）。[8]或是在减振垫层上现浇混凝土，可获得20~30dB以上的撞击声隔声效果，这种隔振做法叫做浮筑楼板（图8-11）。

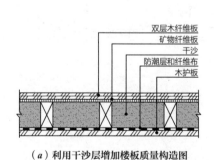

（a）利用干沙层增加楼板质量构造图

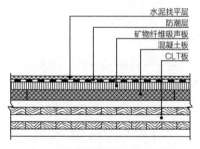

（b）利用混凝土增加楼板质量构造图

图8-10 常见增加楼板刚度及质量的构造做法

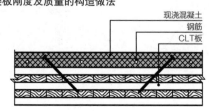

图8-11 浮筑楼板

【设置隔声层】

因通过增加墙体的厚度来改善其隔声性能，在结构和经济方面的效果都不理想，故多采用有空气间层（包括在间层中填放吸声材料）的双层墙。通过增大吸声量，以达到较好的空气声隔绝效果。当空气层厚度不小于40mm时，可比同样质量的单层墙有明显的隔声效果。值得注意的是，普通的双层墙间的龙骨直接用钉连接两侧墙板，意味着有一个传播声音的直接路径。为减少这样的固体声传播，可设置比龙骨宽的底板和顶板，使两侧的龙骨不会相互接触（图8-12）。同理，楼板的隔声处理也可设置吊顶或独立顶棚，形成空气间层隔声；但空气层的厚度不能太厚，否则会侵占建筑空间；面对这种矛盾，同样可以采用在空气层中填充吸声材料的方法解决（图8-13）。其隔声性能取决于吊顶的质量、空气层的厚度、吊顶与楼板连接的刚性等。以往的顶棚一般使用刚性或弹性材料悬挂在上层楼板上；现为减少振动向楼下传播，可将顶棚通过弹性材料直接固定于承重墙上，阻断由结构振动引起的下层顶棚振动。[2]

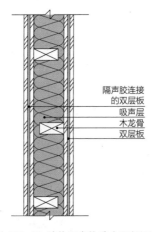

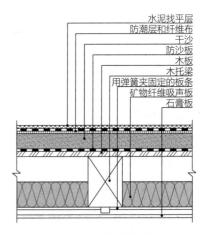

图8-12 墙体隔声构造水平剖面　　　图8-13 设置隔声层的楼板构造图

8.1.4　木质界面空间的光环境设计

人们从环境所获取的信息至少有80%以上经视觉器官获得。光环境是否宜人是视觉健康的重要决定因素。研究表明，长期处于不舒适的照明环境，如不合适的照度、不均匀的光分布、强烈的频闪、眩光等，会引发偏头痛、视觉疲劳，甚至视觉损伤等；[9]而良好的光环境则能促使人们保持良好的精神状态和心理感受。

8.1.4.1　木质界面对室内光环境的影响

木质建材影响室内光环境的主要因素是木材对光的反射特性。木材的多孔性结构赋予木材表面许多小的凹凸；在光线照射下，表面呈现漫反射现象并吸收部分光线，使界面呈现出织物般柔和细腻的视觉效果。同时，反射出来的光线不易使人视觉疲劳；因此，木构空间可以营造温馨柔和的光环境氛围，适合应用于教堂、图书馆、医院、自习室、休息厅等安静或阅读空间的设计。

8.1.4.2　木质界面调节光环境的常见方法

木质界面的室内光环境主要受到木材的材色、光泽度（表面粗糙度），照明光的色温、投射方式等因素的影响；因此，在进行光环境设计时，需综合给予考虑。

【合理布置界面位置】

室内的亮度分布很大程度上取决于界面的反射率，在以浅色为装修基调的室内，工作面上约50%的光线是由墙面和顶棚的反射提供的。[10]而在大空间内，顶棚的面积占比更大；因此应在顶棚优先使用反射率高的浅色木材，如冷杉、扁柏、椴木等白色系树种，来增加建筑室内亮度。而小房间的墙面在视野中所占的比例更大，所以室内空间"气氛"受到墙体的颜色和反射影响更大。地面对于光线反射的要求较低，可根据实际情况选择材质颜色。

【适当进行表面处理】

反射率的另一影响因素是木材的光泽度，光泽度可大致分为研磨表面、全光泽、（七分、五分、三分、全）消光表面这几种。全消光木质界面的表面粗糙，散射率最高，光环境偏暗，室内空间在视觉上有收缩感，能让人强烈意识到木头的特质，适用于餐饮、休闲类空间场所；五分消光木质界面有自然的光泽，光环境亮度适中。研磨表面则能使木纹更加显现的同时产生强烈的光反射，使室内空间显得明亮而洁净，常应用于厅堂类空间。

【设计光束投射方式】

由于木质界面反射出来的光线柔和，不易使人视觉疲劳。因此，在布光时常常利用照射角度或界面形状的设计，使得光线先投射至木质界面，再散射至室内空间；从而营造温暖柔和的光环境氛围。在防止眩光的同时，木纹之美也被强调出来。如图8-14所示，芬兰的Kamppi静谧教堂的内墙采用厚油桤木，并利用曲面界面托住天光；营造出一种自然、静谧的氛围，并增加了宗教空间的纯净之感。此外，在进行室内照明设计时，应尽量采用凸显材色的光源；如利用色温低的橙光照明，来展现木材的质感；尤其适用于胡桃木这类深色系木材，易于凸显高级质感（图8-15）。[11]

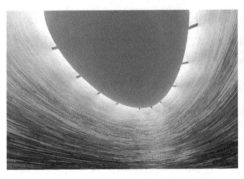

图8-14 芬兰赫尔辛基Kamppi静谧教堂内部
光环境

图8-15 奥斯陆大剧院观众厅内
光环境

8.2 木构建筑的视觉表现设计

基于木材易塑形、亲和力强等材料特性，木构建筑在形式表现上具有相当的优势。在木构建筑设计中应顺应材料性格，最大限度地发挥出木材的造型优势。

8.2.1 建筑形式的视觉信息与接受

视觉信息是基于被观赏客体的概念，具有客观性的特征；视觉接受是基于观赏主体的概念，具有一定的主观性特征。建筑形式设计需要符合其中的规律，才能产生更佳的空间效果。

8.2.1.1 建筑形式的视觉信息

建筑的视觉信息根植于形式，从其固有性质来讲，主要包括以下两个层面：一是表层视觉信息，即物质媒介层面，包括线、面、体、色彩、材质、肌理、光影等。二是深层视觉信息。一方面是指建筑形式的组织关系，即构成建筑形式的各种逻辑关系，如结构、平衡、协调、韵律等秩序范畴；另一方面是指建筑形式所隐含的文化信息，如地域性、自然性、时代性等文化属性。

8.2.1.2 建筑形式的视觉接受

建筑形式的视觉接受是主、客体相互作用的结果，本质上就是主体（观赏者）的心理形式与客体（被观赏建筑）形式的相互作用和相互契合，或前者对后者的容纳度。好的视觉接受通常可以分为如下两个层次：

【第一层次——主体对客体的美感认可】

首先，要求客体在表层视觉信息层面具备充足的视觉信息量，以引发主体的观赏兴趣。这需要通过创新地变化和组合表层视觉信息来实现；比如新颖的建筑体量、表皮肌理或装饰符号等。其次，要求客体在深层视觉信息层面具备明晰的形式组织关系，形成建筑形式的整体内在逻辑。这样，才会使观赏者在潜意识里建立一种形式的秩序，使大脑皮层产生观赏愉悦，从而产生美感。要使视觉接受主体对客体产生美感认可，上述两个方面缺一不可，其中客体的形式创新决定美的特征，而其逻辑关系则是美感形成的决定因素。

【第二层次——主体对客体的情感认同】

不但认为客体是美的，而且产生喜爱之情，这是比美感认可更高层次的视觉接受。这要求客体在深层的视觉信息层面具备足够引发主体情感共鸣的文化信息。比如，当建筑形式中包含有与某地域文化相关联的材质、色彩和符号时，喜爱这一地域文化的主体观赏者会更容易产生对该建筑形式的共鸣和享受感，从而达到视觉体验的最高境界。

8.2.2　木构建筑的视觉接受优势

从建筑形式视觉接受的角度评判，一个优秀的建筑作品应该兼具观赏主体的美感认可和情感认同。为实现这样的目标，对于客体而言，创新、秩序和内涵成为最关键的三项因素，而木构建筑在这三个方面都具有天然的优势。

8.2.2.1　易于建构创新的视觉信息

1. 建筑形体的创新

前文已述，木构建筑以中小型建筑为主，也是大跨建筑的主要选型；与此同时，高层木结构建筑也正在蓬勃发展。此外，木结构体系类型丰富，既有普适性的框架结构，也有其特有的重型井干结构、轻型小框架结构、木质轻型板式组装结构、CLT实木板式结构，以及木质砌块组装结构等。这些因素促使木构建筑可以相对容易地生成不同尺度、不同形状的建筑形体，为木构建筑形体的创新奠定了良好的基础。木构建筑的实际工程也充分证明了这一点，无论是直线形还是曲线形、规则形还是不规则形，都在已建成的木构建筑实例中大量存在。

2. 结构形态的创新

结构往往是木构建筑最具表现力的部分，这是因为结构已经成为木构建筑形态创新的最佳载体。其一，木构建筑丰富的结构类型为结构形态的多样化、个性化表达奠定了基础；其二，木材的易加工性极大地提高了结构构件的变化可能性，且先进的木材加工机械让复杂形状的构件加工变得非常简单；这都使得木构建筑不必像钢结构一样主要依靠规格钢材建造结构，构件的形状可以形成丰富的变化；其三，新材料和新技术的快速发展促使木结构形态不断呈现新的特征。比如强度更高的新型结构胶合材的出现大大拓展了木结构的尺度范围，新型连接技术的出现也显著拓宽了结构的节点类型。

3. 界面肌理的创新

木材是最容易建构新颖界面肌理的材质，从而形成个性化的视觉形式，其主要原因如下：

【材质种类丰富】

树木种类繁多，不同树种的材色和纹理各不相同；同时，切取方式不同也会导致材色、纹理的变化。木材材色的范围非常广，除了占主要比例的黄材色树种，也有分布在低明度范围的黑色、暗红褐色等深材色树种，以及高明度范围的黄白色浅材色树种。并且木材的纹理也丰富多样，有大小、形状、凹凸等差别。如此丰富的材质种类，为木质界面肌理的变化奠定了重要基础。

【加工方式灵活】

木材易于加工，有极为多样的加工方式。在表层处理方面，可以通过涂料、染色、炭化等方式；一方面优化木材的性能，另一方面也改变了材质效果。在形状加工方面，可以通过切割等操作，将木材加工成杆、片、块等基本形状；也可以通过热弯和机械切割，加工成曲线构件；或利用雕刻，形成雕花、镂空等肌理，以及粘接、镶嵌，形成拼贴效果（图8-16、图8-17）。随着现代木材加工技术的飞速发展，利用电脑数控的机械加工方法，使得切、削、刨、钻等基本加工操作更加精确、快速，大大拓展了木质肌理丰富变化的可能性。

【组合方式多样】

杆件和板片等是构建效果各异的木质界面肌理的基本元素，创新木质界面的重要手段之一，就是通过多样的基本元素组合方式形成新颖的界面肌理。既可以只用单一元素进行变换组合，以简单的排列、交织肌理为原型，通过变换基本元素的形式和格构网格、打破组合规律、变换组合方向等方式，形成更为新颖的肌理形式（图8-18）；也可以利用两三种元素组合，来丰富界面的肌理层次，提升变化的可能性（图8-19）。不同的组合

（a）雕花镂空　　　（b）凹凸雕刻　　　（a）平面效果拼贴　　　（b）立体效果拼贴

图8-16 雕刻处理　　　　　　　　图8-17 拼贴处理

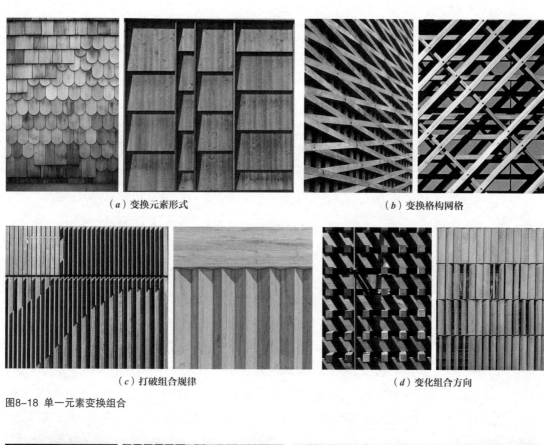

（a）变换元素形式　　　　　　　　　　　　　　　　　（b）变换格构网格

（c）打破组合规律　　　　　　　　　　　　　　　　　（d）变化组合方向

图8-18 单一元素变换组合

（a）杆件与板片并置 　　　　　　　　　　　　　　　　（b）杆件与板片叠置

（c）与其他材质作对比

图8-19 多种元素的组合

方式强调了不同的界面属性，有的突出韵律感，有的突出灵动性，有的突出立体感……

8.2.2.2　易于形成统一的整体秩序

相对其他建筑类型来说，木构建筑的形式更容易受到整体秩序的控制，主要体现在两个方面：

一是受到结构逻辑的控制。相对于混凝土结构和钢结构来说，木结构的设计计算更复杂，影响因素众多；因此，几乎每一个结构都能严谨地反映出结构逻辑。这种结构逻辑成为建立结构形态整体秩序的重要依托。

二是受到材质统一性的控制。无论材质色彩、纹理、加工方式以及组合方式如何变化，木材的独特质感都会使得这些变化得到统一，很难失去整体感。此外，作为自然材料的木材，与多种其他材质组合都易于形成和谐的效果；这就决定了木材在与其他材质组合时也能有较大的变化空间。

8.2.2.3　易于建立视觉信息的文化属性

木材自身蕴含丰富的文化属性，是其他建材不可比拟的，这决定了木构建筑具有易于表达文化内涵的优势。首先，作为自然有机材料，木材蕴含的自然性是最为明显的。木材本身的纹理、颜色、质感都会给予观赏者以自然感受，若再结合自然形状等建筑语言，建筑形象的自然感会更加强烈。

其次，木材也蕴含着很强的人文属性。自古以来，人类的生活就离不开木材，房屋、家具、生活器皿、工具，乃至乐器、兵器等都要用到木材，这些使得木材在人们的集体记忆中留下深刻印记。在木构建筑的形态建构中，只要适度采用建筑语言提示，其形象便能充分地表达出地域、历史、民族等文化内涵。

此外，木材还可表达时代感。现代木构建筑在近几十年得到快速发展，形态与空间都与传统木构建筑有着明显的差别，而且是在胶合木等新材料和配套新技术的基础上。因此，现代建筑设计中的木材应用，尤其是在公共建筑中，都会或多或少地体现出现代气息，如果与钢、玻璃等现代工业材料结合应用，时代感会更加强烈。

8.2.3　外部形态的视觉表现设计

木构建筑的外部形态设计主要应从建筑形体、结构形态和建筑表皮三个方面重点表现，并根据具体情况处理好主次关系。

8.2.3.1　突出形体特征

木构建筑可以表现出多种建筑形态。其中，造型灵活多变、体量尺度近人的建筑更加契合木材自然、亲切的材料特性。在打造木构建筑灵活多变的形体时，常用以下几种手法：

【化整为零】

这是一种将大体量打散为小体块，使整体建筑以"建筑群"姿态展现的手法，从而营造出近人的尺度；同时，使建筑形体更好地融入环境。例如，云南腾冲贡山手工造纸博物馆是由8个小体量组成的一个"建筑聚落"（图8-20）。或如土耳其 Odunpazari 现代艺术博物馆在体量打散的基础上改变方向、标高等，进行重组（图8-21）。也有像智利的结构隔热板独立住宅（SIP Panel House）在完形体量上做加减法，形成凹凸变化，以消减建筑的大体量感，使形态更加多变（图8-22）。

【"减"给环境】

这是一种通过类似做减法的方式，将建筑体量的一部分减除，归还给外部环境；从而形成建筑对环境拥抱，或建筑与环境交融的姿态。这样的手法同样能打破完形体块的单调性，增加尺度的亲切感，同时密切了建筑与环境的关系。比如英国爱丁堡小教堂，采用具有柔和曲面的橡木屋顶越过树形支撑柱，覆盖自然环境（图8-23）；再如芬兰的Piano Pavilion利用木质悬挑结构不断向水面延伸，一种接纳怀抱水的建筑形象油然而生（图8-24）；丹麦Summer 住宅的木质平台和屋面界定的空间，以及德国Black 住宅类似阳台的空间，使建筑与环境形成相互交融的关系（图8-25、图8-26）。

图8-20 云南腾冲贡山手工造纸博物馆

图8-21 土耳其Odunpazari 现代艺术博物馆

图8-22 智利结构隔热板住宅

图8-23 英国爱丁堡小教堂

图8-24 芬兰Piano Pavilion

图8-25 丹麦Summer 住宅

图8-26 德国Black 住宅

【曲线形体】

　　曲线形体在现代木构建筑中应用很多。一方面原因是现代加工技术使得木材构建曲线形体相对更加容易；另一方面原因是曲线更容易展现建筑的自然感，契合木材的自然属性；同时也呼应了当代非线性形体的审美取向，从而体现出强烈的现代感。木构建筑的曲线形体案例，有的是利用原木自身的弯曲特性建造曲线形体，如英国的胡克（Hooke Park）锅炉房（图8-27）。有的为了凸显与自然的对应性，建筑形体的生成来自于对山川、大地、飞禽、树叶等自然景观或元素的抽象，例如西班牙都市阳伞的形体来源于对蘑菇云的抽象（图8-28）。还有一些则是利用木材构建出比较自由的曲线形体，表达出较强时代感的同时，与周边环境形成自然的和谐感（图8-29、图8-30）。

【折线形体】

　　折线形体在现代木构建筑中的应用更加普遍。在完形体块的基础上做

图8-27 英国胡克公园（Hooke Park）锅炉房

图8-28 西班牙都市阳伞

图8-29 挪威阿克尔码头

图8-30 芬兰Kamppi 静谧教堂

一些切削，将正交关系变为斜交；既丰富了形体变化，提高与周边环境的融合关系，还可增强整体结构的水平荷载抵抗能力。同时，还有利于形成坡屋面，降低建筑屋面渗漏的风险。最常见的做法是对传统坡屋面的灵活折线处理，在体现创新的同时，保留木屋的基本型（图8-31~图8-33）。还有一些则是对整个建筑体量的折线化处理，形成地景式建筑的特征（图8-34~图8-36）。

图8-31　英国The Dune 住宅

图8-32　芬兰库奥卡拉教堂

图8-33　英国阿尔弗里斯顿学校游泳馆

图8-34　瑞士圣卢普临时教堂

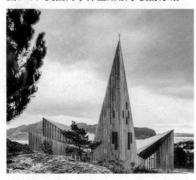

图8-35　挪威Knarvik新社区教堂

图8-36　加拿大Philip J. Currie 恐龙博物馆

8.2.3.2　突出结构特征

木构建筑易于进行结构创新的优势非常明显。在建筑的外部形态设计中，从结构关系入手成为突出木构建筑特征最主要的策略之一，前提是有意识地将木结构在外部形态中暴露出来。

【暴露整体结构】

将整体结构在外部形态中暴露出来，这种做法本身就是极为创新的方式。在结构整体逻辑的框架下，建筑外部形态的整体感强、特征突出，易于形成良好的视觉美感；更适合于对建筑的标志性要求较高的情况，并常常结合结构形式的创新。由于暴露木结构存在防护等技术性问题，这样的案例占比还是少数。比如米兰世博会法国馆采用的极其自由的曲面网格，展现了木材被塑造成有机形态的巨大创新实力（图8-37）；再如隈研吾在日本设计的积木咖啡馆（Café Kureon）采用创新性的木垒叠结构，造成强烈的视觉记忆点（图8-38）；同样在米兰世博会，智利馆采用交叉格网木结构，荷载的传递在界面上清晰地表达出来，建筑在视觉上更有活力（图8-39）；类似的手法在上海杨树浦驿站中也得到了展现（图8-40）。

【暴露局部结构】

暴露局部结构的部位一般包括入口雨篷、外廊、檐口等，都是易于建构外部形态视觉焦点的部位。通过梁、柱、斜撑等结构构件的展现，既可以强化这些视觉焦点，又可以突出木构建筑的视觉特征。基于这一设计目标，局部暴露的木结构常常通过夸张、变异、强化韵律等手法，来增强结构的视觉表现力。东京高尾山口车站（图8-41）和万科青岛小镇游客中心（图8-42），都是利用局部出挑的屋面或与支撑斜柱结合，分别强化了建筑的雨篷和外廊；而日本平梦观景台（图8-43）和John Hope Gateway（图8-44），则是分别采用有韵律感的斜撑和异形外露梁来强调檐口部位。

图8-37 米兰世博会法国馆

图8-38 日本积木咖啡馆

图8-39 米兰世博会智利馆

图8-40 上海杨树浦驿站——人人屋

图8-41　东京高尾山口车站

图8-42　万科青岛小镇游客中心

图8-43　日本平梦观景台

图8-44　英国John Hope Gateway

8.2.3.3　突出表皮特征

　　木构建筑易于建构界面肌理创新的视觉优势同样突出；因此，木质表皮常常成为突出木构建筑特征的重要载体。进行表皮设计时，不但要关注细部肌理变化，更要做好整体控制。

　　【控制木质表皮的外观覆盖率】

　　木质表皮的外观覆盖率是指在除去门窗洞口所占面积的情况下，建筑外观实体部分中木质表皮所占的比例。研究表明，木质表皮的外观覆盖率会对人的视觉接受产生很大的影响；且大众对建筑外观的接受度并非这一比率越高越好，而是呈现反U形曲线的变化规律。木材覆盖率为35%～50%时，大众接受度随之快速增加；50%～65%时，大众接受度增幅减缓；当超过65%后，人的视觉接受度开始下降。表明木质表皮的外观覆盖率为35%~65%时，是最容易被大众接受的（图8-45）。[12]这一规律是针对大量常规性木构建筑的调研和虚拟仿真实验总结出来的，尽管不能适用于所有的木构设计，需要具体问题具体分析，但是仍能对建筑设计形成很好的指导作用。

　　【控制木质表皮肌理的表现强度】

　　在进行表皮设计时，首先应综合考虑周边环境和建筑形体的制约因素，确定木质表皮直接选的应用部位和表现强度；然后进行表皮肌理的建构。通常情况下，表皮直接选用木质外挂板产品，按照规定的方式排列而成。经济性和耐久性有保证，但是表现强度不大，难以形成显著的建筑形态视觉特征。也有很多建筑的木质表皮是建筑师为凸显建筑的个性化进行的创新设计：或是肌理形式新颖，或是变化层次丰富，或是立体感突出，或是打破匀质。这些有突出特征的建筑表皮适用于建筑的重点部位，以突出其视觉的中心地位；或覆盖建筑整体，以强化建筑的整体特征。位于芬兰赫尔辛基的WISA木质酒店通过局部曲线表皮肌理的变化，使之成为建筑形态的视觉焦点（图8-46）。乌克兰哈尔科夫的联排别墅则是通过肌理的排列组合变化来突出入口立面。意大利的Damiani Holz & Ko木材公司办公楼扩建和日本大和普适计算研究大楼分别利用三维曲面肌理和板片叠加肌理的建筑表皮，形成了建筑外部形态最显著的视觉特征（图8-47）。

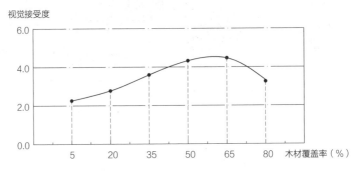

图8-45 视觉接受度与建筑立面木材覆盖率的关系曲线

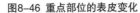

（a）芬兰WISA木质酒店　　　　　　　　　　（b）乌克兰哈尔科夫联排别墅

图8-46 重点部位的表皮变化

（a）意大利Damiani Holz & Ko木材公司办公楼扩建　　　（b）日本大和普适计算研究大楼

图8-47 整体的表皮变化

【控制木质表皮的整体秩序】

　　木质表皮的创新空间广阔，方式多样；不但需要注意控制表现强度，而且需要善于从整体的角度建构秩序。首先，木质表皮可实可虚，易于构建建筑立面虚实处理的整体关系。南京河西万景园教堂通过建筑木质百叶表皮统一了建筑的虚实关系，形成强烈的整体感（图8-48）。其次，木质表皮多是由条形挂板或木百叶板组合而成，易于形成方向性统一的整体特征。根据建筑的形体关系，既可以加强建筑外观的舒展感，也可以加强高耸感。如美国Reveley Classroom Building、瑞典Öijared 酒店和日本Kyodo住宅分别通过木质表皮强化横向、竖向和斜向的建筑方向性特征（图8-49）。再次，木质表皮的整体秩序需要建立清晰的层次关系，对于面积较大的木质表皮，在层次关系的控制下，肌理变化才不会显得无序。越南芽庄市Salvaged Ring通过网格和排线两个层次的秩序，使多种色彩的木片立面既丰富又统一。法国的Alesia博物馆则是通过横向和斜向两个层次的秩序，使间距自由变化的木质表皮杆件毫无凌乱感（图8-50）。

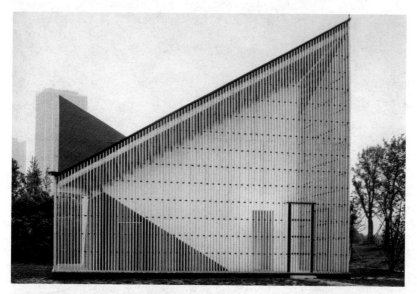

图8-48 南京河西万景园教堂木质界面的虚实建构

（a）美国Reveley Classroom Building

图8-49 界面肌理的方向性特征强化（一）

（b）瑞典Öijared酒店   （c）日本Kyodo住宅

图8-49 界面肌理的方向性特征强化（二）

（a）越南芽庄市Salvaged Ring

（b）法国Alesia博物馆

图8-50 界面肌理的层次变化

8.2.4　内部空间的视觉表现设计

在建筑的内部空间，木材主要用于结构和围合界面。从视觉上表现木质特征的核心目标是增强空间的识别性，并形成适宜的空间氛围。

8.2.4.1　结构形态设计

相对于建筑外部，内部空间中的木结构暴露的机会更大，与观赏者的距离更近；因此，结构表现成为强化木构空间特征最为重要和有效的手段。设计中应尽可能地暴露木质结构，并对其进行个性化处理。屋架通常在结构体系中占比最大，是结构的首要表现部位，其次是支撑结构。对于尺度较大的空间，比如公共建筑的厅堂等，结构形态创新有较大的发挥空间；而对于大多数尺度不是很大的空间来说，适度的结构变化更为适合。常见的营造木构空间形态特征的手法如下：

【变化结构布置形式】

突破常规的布置形式能大大增强结构形态的个性特征；同时，这一做法往往会形成活跃的结构形态，也与木材的自然属性更为契合。在日本的"光墙"住宅中，屋架梁被做成斜交布置；加拿大南奥卡纳根中学的中庭，将圆形排列的柱子之间的连系梁做交错布置，结构体系都没有改变，建造成本也不会显著增加，却彰显了屋架结构的形态特色。这样的案例在木构建筑空间中比较普遍，如法国的Régis Racine体育馆、加拿大的蒙特利尔足球馆等都采用了这种方式（图8-51）。再比如将垂直于地面的柱斜向布置，不但可以增强结构的表现力，而且有利于增加常规木结构体系相对较弱的横向荷载抵抗能力，同样是木结构中常见的做法。加拿大维多利亚布查特公园内的游戏场和芬兰森林研究所（METLA）采用不同方式的斜柱增加了空间的活力（图8-52）。

【变异构件的特征】

变异构件特征较常见的有三种途径：首先，工程木能够更好地满足多数异形木构件的强度需求，加之木材的易加工性，使得改变构件的形状成为相对简单的操作。因此，将直线构件变异为曲线、折线，或是异形化构件，成为增强木结构艺术性与空间表现力的常见做法之一。比如Forest in Christchurch将空间中作为主要视觉元素的树状柱的上部改为曲线，进一步明晰了树的象形含义，强化了空间的自然属性。再如瓜斯塔拉幼儿园，将直线形刚架弧形化，增强了空间的童趣感与亲切感（图8-53）。其次，出于节约资源和减少自重的考虑，很多木结构会将结构构件格构化，如用桁架、格构刚架等来替代尺寸较大的实木梁和刚架等构件，并对格构形式进行个性化处理，以增强构件的形态特征。日本埼玉县的Gabled Facility和

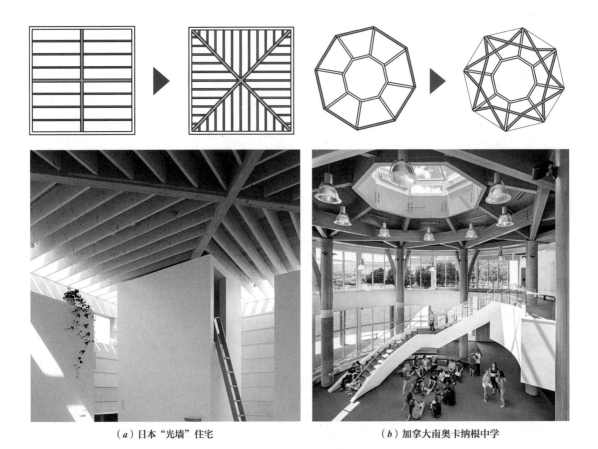

（a）日本"光墙"住宅　　　　　　　　　（b）加拿大南奥卡纳根中学

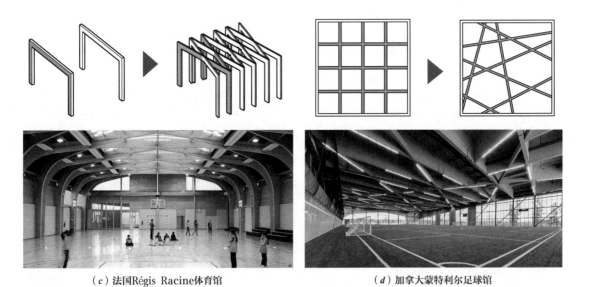

（c）法国Régis Racine体育馆　　　　　　（d）加拿大蒙特利尔足球馆

图8-51 梁布置变换典型案例

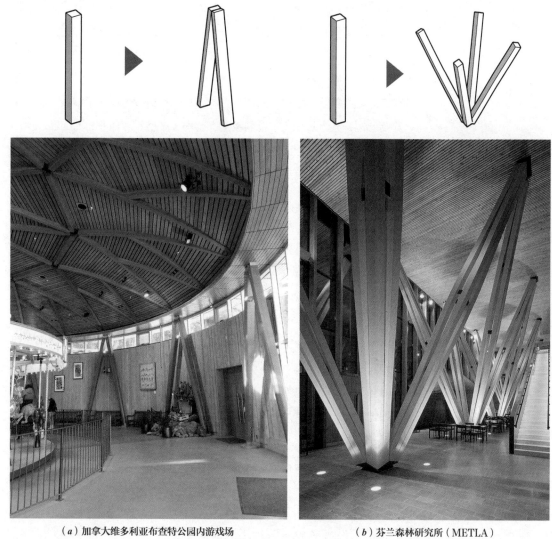

（a）加拿大维多利亚布查特公园内游戏场　　　　　　　（b）芬兰森林研究所（METLA）

图8-52　柱布置变换典型案例

（a）新西兰Forest in Christchurch　　　　　　　　（b）意大利瓜斯塔拉幼儿园

图8-53　构件的形状变化典型案例

英国的Deal Pier Cafe & Bar分别通过创新三角屋架和刚架的格构形式，使结构形态实现了新颖的效果（图8-54）。再次，用钢索等替代部分主要承拉木构件的做法，在当前越来越受推崇，不但可以发挥各自材料的性能优势，实现更好的整体结构性能；而且可以有效地节省木材用量，让结构形态变得更加轻盈和现代；同时，钢木材料的对比大大增强了结构形态的视觉效果。芬兰阿尔托大学校园教堂、德国德蒂格格霍芬Hofgut Albführen空间屋架结构都是这种做法的典型案例（图8-55）。

【优化结构的节点形态】

相比于混凝土结构和钢结构，木结构的节点技术相对具有复杂性和时代性特征；因此，节点在木结构形态中的表现作用更为明显。在木结构体系中，适合通过设计以增强结构形态表现力的节点有两种：一是位置突出并具有较强技术性的节点，如多构件的聚集节点等。这类节点是结构形态视觉焦点的重要载体之一，需要建筑师与结构工程师共同配合实现形态与技术的协调。如隈研吾设计的平梦观景台屋架节点就成为了结构的视觉中心（图8-56）。二是具有较高显示度和重复性的节点；这些节点能够增加结构的韵律感，只要稍加个性化处理，结构形态的秩序感和个性便会得到有效加强。例如日本工学院大学弓道馆的屋架结构中大量重复的横向构件与竖向构件相互穿插的节点连接方式与整体的结构形态相得益彰（图8-57）。

8.2.4.2 木质界面设计

相比于建筑外部，室内木质界面的视觉表现作用在更多情况下是作为空间事物的背景，而非视觉中心。在设计中，应控制好木质界面的覆盖比例和应用位置，在此基础上增强表现效果。

【控制木质界面的覆盖比例】

与前文所述建筑外部木质界面覆盖率的应用规律相似，室内的木质界面覆盖率的大众接受度也有适合的比例范围，并非越高越好。日本学者在研究室内空间的木材使用量时，为参与者提供了木材比率（木质材料覆盖面积占天花板、墙壁和地板总面积的比率）分别为0%、45%和90%的空间进行实验，发现室内空间最令人愉悦的木材覆盖率为45%。[13]在实践中，当空间尺度和形式发生变化时，最佳木质界面覆盖率会有所不同。在设计中不必片面追求室内空间木质界面的高覆盖率，而应根据设计条件和要求，灵活地确定适合的覆盖比例。

【布局木质界面的应用位置】

研究表明，在室内空间中将木结构暴露并突出材质特征的视觉效果

（a）日本埼玉县Gabled Facility　　　（b）英国Deal Pier Cafe & Bar

图8-54　构件的格构变化典型案例

（a）芬兰阿尔托大学校园教堂　　　（b）德国德蒂格格霍芬Hofgut Albführen

图8-55　构件的材料变化典型案例

图8-56　日本平梦观景台　　　图8-57　日本工学院大学弓道馆

最好。此外，考虑到人视觉接受度的范围内有适合的木材比例。结合对大量木构空间的调研和视觉问卷评估发现，在小尺度空间，如住宅类建筑，宜将木质界面应用在墙面部位；在尺度较大的空间，如公共建筑中的厅堂等，宜将木质界面应用在屋面部位。当然，在具体设计中还应根据实际需求进行布置，灵活应对。

【增强木质界面的表现效果】

在适度的原则下，尽量增强建筑内部空间木质界面的效果，是增强空间氛围的重要途径，常见的方法有很多。

最直接的方式是通过创新界面肌理来实现。图8-58所示案例的屋面和墙面木质界面肌理都具有很强的个性，显著提高了空间的识别性和趣味性。其中，利用线性肌理加强空间方向感的做法，既发挥了木材的特性，又强化了空间秩序与特征，在实践应用中较为常见。

另一种有效增强木质界面效果的方式是利用其他材质的衬托，或通过光线等自然元素的配合实现。比如图8-59中的几个建筑空间分别通过木

（a）西班牙巴塞罗那Bravo24　　（b）挪威奥斯陆歌剧院　　（c）澳大利亚菲欣纳海滨　　（d）奥地利Wooden Hill-
　　　餐厅　　　　　　　　　　　　　　　　　　　　　　　　小屋　　　　　　　　　edge住宅

图8-58 室内个性化木质肌理典型案例

（a）日本滋贺县Skyhole工作室+　　（b）澳大利亚Elwood住宅　　（c）意大利某私人住宅　　（d）丹麦哥本哈根某高中
　　　住宅　木材与白墙对比　　　　　木材与深色饰面对比　　　　木材与砖石对比　　　　木材与混凝土对比

图8-59 室内木质界面与不同材质的对比典型案例

质界面与白墙、深色饰面、砖石、混凝土的结合设计，互相衬托，强化了各自材质的特点，增强了空间界面的表现力。还有的建筑通过光照投射在木质界面形成的变化、光源与木质界面的组合变化，来丰富木质界面的表现力（图8-60）。

　　总之，增强室内空间木质界面效果的方法很多。设计时需要在对整体空间进行综合考量的基础上，选择适宜的手法，以营造空间的个性和氛围。

（a）智利天窗马厩　　　　　　（b）挪威Vâler墓园教堂

图8-60　室内木质界面与自然光线结合的典型案例

8.3　木构建筑的装配化设计

　　建筑的装配化是指利用工业化方法在工厂制造工业产品（部品、部件、配件），然后在工程现场通过机械化、信息化等工程技术手段，按不同要求进行组合和安装，建成特定建筑产品的一种建造方式。[14]因建筑装配化具有环保、高质、快速等显著优势，而成为建筑发展的重要方向。建筑装配化涉及整个建筑体系，如建筑工厂的供应体系、构件的标准体系、临建设施和现场施工机械的配套体系等；还涉及众多建筑环节，如标准化设计、工厂化制作、一体化装修、信息化管理和智能化应用等。尽管建筑设计只是其中的一个环节，却非常重要，是实现木构建筑精细化建造的重要一环。

8.3.1　木构建筑的装配化优势及衡量指标

　　通过装配化方式建造的建筑称为装配式建筑，具体是指结构系统、外围护系统、设备管线系统和内装系统等主要部分采用预制部品部件集成的建筑。其中，装配式木结构建筑是指结构体系由木结构承重构件组成的装配式建筑。[15]木结构建筑是最适合装配化建造的建筑类型之一，现代木构建筑基本全部都是装配化建造的。对此，我国已经颁布并实施了《装配式木结构建筑技术标准》GB/T 51233—2016，以促进其得到更好的发展。在国家对装配式木构建筑的政策鼓励下，现代木构建筑装配化的技术研究与实践快速推进，新建建筑面积增长迅速。[16]

装配率是装配化程度的衡量指标，是指装配式建筑中预制构件、建筑部品的数量（体积或面积）占同类构件或部品总数量（体积或面积）的比率，用于表示装配式建筑的主体结构、围护结构和室内装修的构件部品的装配化程度。[14]在木构建筑的设计环节也应充分考虑如何对建造的装配化形成更好的支撑，以实现最优的装配率。

8.3.2　木构建筑的装配化方式

木结构建筑的装配化建造方式可分为三类：杆件式装配、板式装配，以及箱式装配。在实际设计建造时，需要根据建设条件、运输情况等，综合应用这三种类型的装配方式。

8.3.2.1　杆件式装配

杆件式装配是指在工厂内生产出建筑的杆件式构件单元，然后在现场组装的装配化建造方式（图8-61、图8-62）。

杆件式装配的优点主要是：构件自重轻，易于运输，施工简单；组装手动操作性强，无需大型设备；加工制作容易，耗能低、节约能源。同时，杆件式装配的缺点也比较明显：装配化程度低，工期较长，以及难以回收再利用等。因此，杆件式装配常常应用于中小型建筑和个性化建筑的建造。

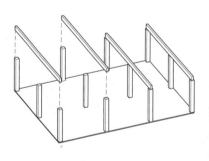

图8-61 杆件式装配示意图　　　　　图8-62 苏黎世传媒集团Tamedia办公大楼现场建造

8.3.2.2 板式装配

板式装配是指将成片的内、外墙体及大块的楼板或屋面板等作为主要的预制构件，在工厂预制后运送到工地组装的装配化建造方式。其承重方式以横墙承重为主，也可以采用纵、横墙混合承重方式（图8-63、图8-64）。[17]

板式装配的优点主要是：装配化程度更高，可提高施工效率，缩短工期（可缩短工期1/3以上）。其缺点在于：墙板位置固定、建筑平面的灵活性受限、外形单一，以及受起吊及运输设备的限制等。

板式装配的木构建筑一般适用于抗震设防烈度在8度及以下的地区。由于开间较小、不够灵活，因此，更加适合住宅、办公等建筑类型。建筑规模多为低层或多层，也有做到12层以上的高层建筑。

8.3.2.3 箱式装配

箱式装配是指按照空间分隔，在工厂将建筑物划分为箱式单元，加工完成后运送到现场组装的装配化建造方式。有些箱式内部功能明确，还可将内部设备和装修工程在工厂完成后再送往现场（图8-65、图8-66）。

箱式装配的优势是：装配化程度高；标准化、模块式空间易于大规模定制；施工速度快（可缩短工期50%~70%）；节约材料；环保，对周围环境影响小，现场废弃物少；易于拆卸、可移动；可一步达到粗（精）装修

（a）工厂预制墙体构件　　　　（b）板式装配建筑现场建造

图8-63 瑞士某板式装配建筑　　　　　　　　　　　　　图8-64 板式装配示意图

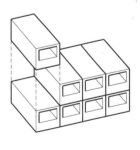

（a）工厂预制箱式单元　　　　（b）箱式装配建筑现场建造

图8-65 瑞士埃比孔镇某箱式装配建筑　　　　　　　　图8-66 箱式装配示意图

水平，降低装修成本。箱式装配的缺点在于：生产工序多而复杂；对生产设备、运输设备、现场吊装设备要求高。[17]

箱式单元有多种组装方式，可相互叠置或与预制板式构件进行组装；适用于低层和多层建筑。若与框架或筒体结构进行组装，抗震系数更高；适用于多种类型的建筑。

8.3.3　木构建筑装配化的设计要点

8.3.3.1　规划装配方案

对于装配式建筑来讲，不同的结构形式往往对应了不同的装配方式。比如，轻型小框架木结构体系和重型井干式木结构体系的建造方式，主要采用杆件式装配方式；轻型板式组装和CLT板式组装木结构体系，主要采用板式装配的建造方式，个别情况下会采用箱式装配方式；现代木框架结构体系一般采用杆件式、板式和箱式相结合的建造方式。因此，在设计初始阶段确定结构体系时，就需要对装配方式进行整体规划；根据工厂条件、运输条件、现场条件以及建造周期要求等，综合考虑适合的装配方式，并评估其对结构体系选择的影响。在确定主要装配方式的基础上，对装配方案的考虑主要应遵循以下两个原则：

【减少构件类型】

"少规格、多组合"是装配式建筑的一项重要原则。对于装配式建筑来说，理想的方式是像积木一样，元素可能相同，但却可以形成不同的组合。因为在工厂生产的情况下，每多一种构件类型，就可能增加一套的程序设计、机械配置，甚至是设备引进；如果一类构件只生产一两件，成本会比现场建造还高，不利于构件的通用性和互换性。因此，对装配方案的规划要尽可能减少构件类型，并在设计中尽可能通过尺度统一、形式统一等方式，创造有利于减少构件类型的条件。同时，也要关注相关部门出台的木结构标准部品、部件库的情况。设计中选取标准库中的构件类型，对于节省造价以及日后的构件替换、拆解及再利用都十分有利。

【控制构件尺度】

运输是装配式建造的重要环节，在建造成本中占有较大比重。如果运输条件有限，要运输大型或超大型构件，其成本会极大地提升。因而，同样的房屋，采用轻型框架结构体系比轻型板式组合结构体系的造价更低。所以无论是确定装配方式，还是设计装配方案，都要考虑运输条件对构件尺度的影响，并熟悉不同货车类型对产品尺寸的要求。一般情况下，考虑公路的限高、限宽以及用集装箱装运，构件的长向不宜超过12m，宽不宜超过3m，高不宜超过2.4m。

8.3.3.2　依据尺寸模数

模数是尺度协调中增值标准的尺寸单位。模数协调就是按照确定的模数，设计建筑物和部品部件的尺寸。模数协调是建筑部品部件制造实现工业化、机械化、自动化和智能化的前提，是正确和精确装配的技术保障，也是降低成本的重要手段；有利于部件、构件的互换，模具的共用和改用，建筑构件的定位和安装，协调建筑部件与功能空间之间的尺寸关系等。[18]作为重要的装配式建筑类型，木结构建筑设计中的模数协调更为重要。做好这项工作，不但需要设计者熟知不同木结构体系的模数，而且还要熟悉木材产品的材料规格。

【熟知体系模数】

建筑师都知道建筑的基本模数用M表示，1M=100mm；所以建筑物和建筑部件的模数化尺寸应当是100mm的倍数。扩大模数是基本模数的整数倍；比如建筑的开间、进深或跨度等一般采用水平扩大模数3M，即300mm；[18]但是木结构的模数却和建筑模数不尽相同，不同结构体系的模数也有所差别，并且规定程度也不一样。比如，轻型小框架的模数一般是304mm、460mm、610mm。日本小框架木结构体系的模数一般是910mm或1000mm，设计必须严格按照模数标准确定相关尺寸。欧洲木框架结构的建议模数是625mm。设计时需要根据具体情况确定所应采用的模数标准。

【熟悉木材规格】

熟悉木材的类型和规格，是做好木构建筑设计的重要基础。这不但与材料的选取有关，也有选取模数标准的意义。因为木结构建筑的模数基本都是以材料规格作为依据的，比如木基结构板材的规格一般为2440mm×1220mm，龙骨或搁栅的间距设定为304mm、460mm、610mm。熟知木材规格对于减少板材的裁切量以及降低材料浪费都具有重要意义。因此，木结构相关尺寸的确定并不是像砖混结构建筑那样，对扩大模数有很大的依赖；而主要是针对具体设计中的材料应用情况来确定的。比如，胶合梁在很多厂家都是用38mm厚的板材胶合而成，在满足力学计算的情况下，如果确定梁高390mm，反而不如410mm，因为加工中要刨去更厚的木材。

8.3.3.3　优化木组件设计

由工厂制作、现场安装，并具有单一或复合功能的，用于组合成装配式木结构的基本单元，简称木组件。组件是与部品部件具有相似含义的概念，但是不及后两者在标准化和通用性方面的意义大，因此设计的比重更大。预制木结构组件可分为预制梁柱构件、预制板式组件和预制空间组件。[19]对组件的深化设计是装配式木建筑设计中至关重要的环节，应满足建筑使用功能、结构安全和标准化制作等多方面的要求。从具体的技术环节考虑，应注重以下内容：

【应用集成技术】

在木组件的设计中，应尽可能应用集成技术，将难度大和相对复杂的工艺留在工厂内完成，对于形成高质量、高性能的产品具有重要意义。所谓集成化技术就是一体化技术；在装配式建筑中，特指建筑结构系统、外围护系统、设备与管线系统和内装系统的一体化技术。在当前的木结构建筑建造中，木组件的集成化技术应用还有很大的提升空间。以木质轻型板式组装结构建筑墙体为例，多数墙体组件只能在工厂完成一侧的工艺；另一侧的覆面材料需要在现场完成管道等施工环节，才能现场安装。在木组件设计中，为实现集成技术的更好应用，相关集成技术的研发至关重要；需要设计者关注和了解最新技术的发展情况。

【考虑组装构造】

组装的连接构造不但关乎结构安全和整体性能，而且对于实现快速拆装、降低组装成本、方便组件的替换等都具有重要意义。预制组件间的连接可按结构材料、结构体系和受力部位的不同，采用不同的连接形式。在现行《装配式木结构建筑技术标准》GB/T 51233中给予了明确的规定：满足结构设计和结构整体性要求；受力合理，传力明确，应避免被连接的木构件出现横纹受拉破坏；满足延性和耐久性的要求；当连接具有耗能作用时，可进行特殊设计；连接件宜对称布置，且满足每个连接件能承担按比例分配的内力的要求；同一连接中不得考虑两种或两种以上不同刚度连接的共同作用，不得同时采用直接传力和间接传力两种传力方式；连接节点应便于标准化制作。[19]在这些基本规定的基础上，尤其在拆解方面，组装构造具有很大的设计空间。

思考题

1. 空间木质界面在声学方面的优势和劣势是什么？
2. 木构建筑在外部形态表现中的主要强化方法有哪些？
3. 木构建筑在内部空间表现中的主要强化方法有哪些？

参考文献

[1]   中华人民共和国住房和城乡建设部. GB 50736-2019民用建筑供暖通风与空气调节设计规范[S]. 北京：中国建筑工业出版社，2019.

[2]   刘一星，于海鹏，赵荣军. 木质环境学[M]. 北京：科学出版社，2007.

[3]   KOLB J. Systems in Timber Engineering [J]. Dictionary Geotechnical Engineering/wörterbuch Geotechnik, 2008, 69: 203.

[4] 王松永. 木质环境科学[M]. 台北：台湾编译馆，2004.

[5] KUNZEL H M, HOLM A, SEDLBAUER K, et al. Moisture buffering effect of interior linings made from wood or wood based products [R]. IBP Report HTB-04/2004/e, 2004.

[6] 山田正. 住まいと木材[M]. 京都：海清出版社，1990.

[7] 中尾哲也，等. 楼板构造和撞击声[J]. （日）木材工业，1986，41（11）：3-6.

[8] 高桥，等. 关于木造住宅楼板撞击声隔声隔声性能的研究[J]. （日）木材学会志，1990，38（8）：609-614.

[9] 庞蕴凡. 视觉与照明[M]. 北京：中国铁道出版社，1993.

[10] 杨公侠. 视觉与视觉环境[M]. 上海：同济大学出版社，2002.

[11] X-Knowledge, Co., Ltd.. 木材设计终极指南[M]. 陈靖远，邹亚琼，译. 武汉：华中科技大学出版社，2015.

[12] XU H, LI J, WU J, et al. Evaluation of Wood Coverage on Building Facades Towards Sustainability [J]. Sustainability, 2019, 11 (5): 1407.

[13] TSUNETSUGU Y, MIYAZAKI Y, SATO H. Physiological effects in humans induced by the visual stimulation of room interiors with different wood quantities [J]. Journal of Wood Science, 2007, 53 (1): 11-16.

[14] 中华人民共和国住房和城乡建设部. GB/T 51129-2015工业化建筑评价标准[S]. 北京：中国建筑工业出版社，2015.

[15] 郭学明. 装配式建筑概论[M]. 北京：机械工业出版社，2018.

[16] 中国木业网整理. 2017年以及2018上半年中国木材进口情况 [EB/OL]. （2018-10-25）[2019-4-20]. http://www.forestry.gov.cn/xdly/5197/20181025/103717304627763.html.

[17] 吴刚，潘金龙. 木结构建筑学[M]. 北京：中国建筑工业出版社，2018.

[18] 叶明. 装配式建筑概论[M]. 北京：中国建筑工业出版社，2018.

[19] 中华人民共和国住房和城乡建设部. GB/T 51233-2016装配式木结构建筑技术标准[S]. 北京：中国建筑工业出版社，2017.

图片来源

图8-2 参照绘制：刘一星，于海鹏，赵荣军. 木质环境学[M]. 北京：科学出版社，2007.

图8-3、图8-10~图8-13 参照绘制：KOLB J. Systems in Timber Engineering [M]. Basel: vBirkhauser, 2008.

图8-4: https://oss.gooood.cn/uploads/2019/06/025-megumikai-dai1bukkou-nursery-school-by-new-office-960x640.jpg.

图8-5: https://www.woodproducts.fi/ar/content/wood-equalises-indoor-humidity；

https://payload.cargocollective.com/1/16/522756/8231541/DSC_0272.jpg.

图8-7: http://www.partitions-walls.com/photo/partitions-walls/editor/20180126120547_55439.jpg.

图8-9（b）: https://structurecraft.com/projects/richmond-olympic-oval.

图8-14、图8-22、图8-32、图8-38、图8-49: JODIDIO P Jodidio. Wood Architecture Now! Vol. 2 [M]. Cologne: Taschen, 2013.

图8-20、图8-34、图8-47（a）、图8-50（b）、图8-52（b）、图8-54（b）: JODIDIO P. 100 Contemporary Wood Buildings [M]. Cologne: Taschen GmbH, 2015.

图8-21: https://www.middleeastarchitect.com/sites/default/files/mea/styles/square/public/images/2019/09/09/1%29-OMM-by-Kengo-Kuma-and-Associates.-%C2%A9NAARO.jpg?itok=6-GQEOsp.

图8-24：https://4.bp.blogspot.com/-UcB_OCUSrHQ/VAywtofb52I/AAAAAAAACf0/-USpZaD3lb8/s1600/piano-paviljonki_0351.jpg.

图8-25：https://static.dezeen.com/uploads/2018/01/summerhouse-cebra-architecture-residential-denmark_dezeen_hero-1-1704x959.jpg.

图8-26：https://www.urdesignmag.com/wordpress/wp-content/uploads/2019/03/black-house-buero-wagner-2.jpg.

图8-29：https://www.stylepark.com/en/kebony/onda-restaurant.

图8-30：https://img3.doubanio.com/view/note/large/public/p25104551.jpg.

图8-31：https://www.uniqhotels.com/media/hotels/05/the-dune-house-01.jpg.

图8-33：https://www.jackhobhouse.com/wp-content/gallery/Alfriston-School/001_Alfriston-School_Duggan-Morris-Architects_Buckinghamshire_001.jpg.

图8-35、图8-48、图8-50（a）、图8-59（a）、图8-59（d）：李丽. 木艺建筑——创意木结构[J]. 国际纺织品流行趋势，2017.

图8-36：ROGERS T, Dovetail Comunincations Inc.. Celebrating Excellence in Wood Architecture: 2015-2016 Wood Design Award Winners [M]. Ottawa: Canadian Wood Council, 2016.

图8-42：https://www.arch2o.com/wp-content/uploads/2017/08/ARCH2O-Vance-Tsing-Tao-Pearl-Hill-Visitor-Center-Bohlin-Cywinski-Jackson-10-600x400.jpg.

图8-43：http://5b0988e595225.cdn.sohucs.com/images/20181212/63b75bd8bf994342a6cb1f4b248309d8.jpeg.

图8-44：https://www.ads.org.uk/wp-content/uploads/thumb_8846_jhg-mattlaver-2-580.jpg.

图8-45　参照绘制：XU H, LI J, WU J, et al. Evaluation of Wood Coverage on Building Facades Towards Sustainability [J]. Sustainability, 2019, 11（5）: 1407.

图8-46：徐洪澎，吴健梅，李国友. 当代视角下的木建筑解读、思考与创作[M]. 北京：中国建筑工业出版社，2014. ; https://www.contemporist.com/wp-content/uploads/2016/11/artistic-wooden-siding-091116-1215-02-768x2146.jpg.

图8-51：https://www.ignant.com/wp-content/uploads/2015/09/lightwallshouse_architecture-15.jpg. ;

LALONDE E. Celebrating Excellence in Wood Architecture: 2014-15 North American Wood Design Award Winners [M]. Ottawa: Canadian Wood Council, 2015. ; https://www.detail-online.com/fileadmin/blog/uploads/2012/12/01-perspecive-interior.jpg. ;

https://www.archdaily.com/784751/stade-de-soccer-de-montreal-saucier-plus-perrotte-architectes-plus-hcma/56fd8967e58ece7e85000028-stade-de-soccer-de-montreal-saucier-plus-perrotte-archite ctes-plus-hcma-photo?next_project=no.

图8-53：http://www.shigerubanarchitects.com/works/2018_9CS/9CS5.jpg. ;

https://images.adsttc.com/media/images/561d/734e/e58e/ce0d/5a00/0417/slideshow/_MRM8438_copia.jpg?1444770616.

图8-54（a）：https://static.designboom.com/wp-content/uploads/2014/07/ryuji-fujimura-architects-facility-for-ecology-education-tokyo-japan-designboom-08.jpg.

图8-55（b）：https://www.schlosser-projekt.de/wp-content/uploads/2016/08/albfuehren-dettighofen-2015-02.jpg.

图8-56：https://static.designboom.com/wp-content/uploads/2019/03/kengo-kuma-nihondaira-yume-terrace-japan-designboom-9.jpg.

图8-57：https://sun9-16.userapi.com/c855424/v855424905/1166d5/tV7bob5rG6w.jpg. ;

https://sun9-5.userapi.com/c855424/v855424905/1166ed/-U83DUDmHnI.jpg.

图8-58（a）：https://i.pinimg.com/564x/af/fe/22/affe2221997d4f684dfa56159cda66a2.jpg.

图8-58（c）：http://images.adsttc.com.qtlcn.com/media/images/5d41/95c1/284d/d1db/a300/003a/slideshow/Liminal_Architecture_Dianna_Snape_1188.jpg?1564579248.

图8-58（d）：https://static.designboom.com/wp-content/uploads/2016/04/dietrich-untertrifaller-architeckten-haus-b-austria-designboom-04.jpg.

图8-59（b）：https://i.pinimg.com/originals/c1/03/aa/c103aa1e503d6c19012f27a11b45633a.png.

图8-59（c）：https://i.pinimg.com/originals/df/e0/c7/dfe0c7f79a3350f52a5640dc9acba450.jpg.

图8-60：https://static.dezeen.com/uploads/2018/07/caballerizas-matias-zegers-architecture_dezeen_2364_col_7.jpg.；https://oss.gooood.cn/uploads/2016/03/020-V%C3%A5ler-Church-by-Sivilarkitekt-Espen-Surnevik-As-472x606.jpg.

图8-62：http://www.precast.com.cn/includes/ueditor/php/upload/13861568945792.png.

图8-63、图8-65：STEURER A. Developments in Timber Engineering: The Swiss Contribution [M]. Basel: Birkhauser, 2006.

后 记

2009年一个设计实践的机缘，让我们研究所走近木建筑，开始了该领域的设计、研究与教学工作，针对建筑专业教育中木构建筑知识的极度缺乏，逐渐萌生了编写现代木构建筑设计指导教材的想法。集建筑设计、结构设计和木材科学等多学科知识于一体的现代木构建筑设计，如何体现建筑学专业的教学特点，从建筑师所应当具有的设计视角和知识储备来组织教材，是我们反复推敲的问题。经过8年的教学检验，同时结合我们近些年的研究成果和设计心得，教材的内容不断修正，逐步形成了今天这个版本。

现代木构建筑设计是兼具专业性和实操性的课程，本教材从实用性出发，系统梳理了现代木构建筑设计的整体知识架构，对知识的重点与难点进行深入剖析，补充了最新的设计案例和相关研究成果。由宏观到微观、从理论到实践，进行具有针对性的讲解，旨在帮助学生加深对现代木构建筑设计的全面理解，进而解决实际设计中的问题。在教学过程中，我们还通过带领学生参观调研，组织学生案例讨论，指导学生完成设计作业等教学环节，使学生加深对所学知识的理解和认识，进一步提升学习效率和教学质量。

本教材定稿之际，再次衷心感谢哈尔滨工业大学建筑学院对本教材撰写提供的支持，感谢各位前辈、同仁和研究所同学们的鼎力帮助，感谢中国建筑出版传媒有限公司的大力付出！

2019年12月